控制理论
发展简史

孙晶 张洋 著

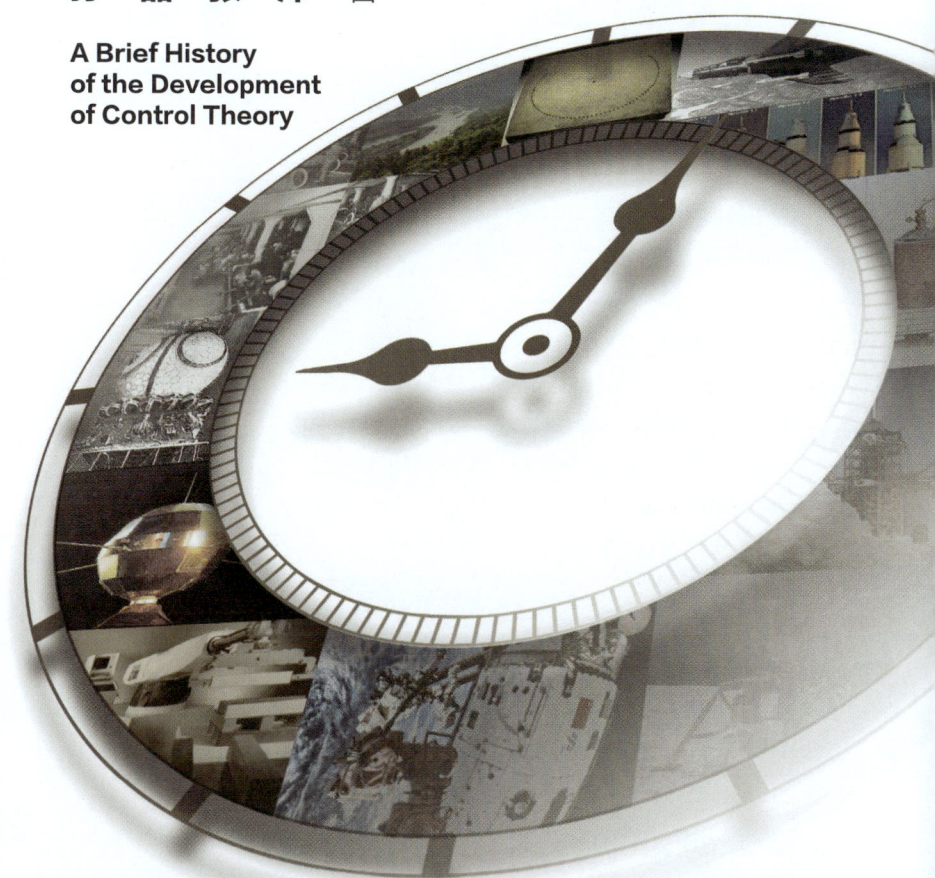

A Brief History
of the Development
of Control Theory

大连理工大学出版社

图书在版编目（CIP）数据

控制理论发展简史 / 孙晶，张洋著. -- 大连：大连理工大学出版社，2025.1（2025.3重印）. -- ISBN 978-7-5685-5147-2

Ⅰ.TH-39

中国国家版本馆 CIP 数据核字第 2024WL6296 号

KONGZHI LILUN FAZHAN JIANSHI

策划编辑	王晓历
责任编辑	王晓历
责任校对	白　露
封面设计	顾　娜

出版发行　大连理工大学出版社
地　　址　大连市软件园路 80 号　　邮政编码　116023
电　　话　0411-84708842　84707410（营销中心）
　　　　　0411-84706041（邮购及零售）
邮　　箱　dutp@dutp.cn
网　　址　https://www.dutp.cn

印　　刷　大连图腾彩色印刷有限公司印刷
幅面尺寸　139mm×210mm　　印　张　3.5　　字　数　84千字
版　　次　2025 年 1 月第 1 版　　印　次　2025 年 3 月第 2 次印刷
书　　号　978-7-5685-5147-2　　定　价　56.00 元

本书如有印装质量问题，请与我社营销中心联系更换。

前言

随着教龄的增加,笔者越来越关注非常规教学内容的课堂呈现。比如对于"控制工程基础"这门课,通过讲述控制理论发展史,能对后续常规内容的教学效果起到正向作用。

从 2019 年开始,每年备课时,笔者都刻意整理和汇总有关控制理论发展史的内容,并在这一过程中发现:在我国高校控制类教材与教学资源中,有关控制理论发展简史部分没有统一标准,且对同一史料的描述存在较大差别,甚至错误。

基于此,这本包含三篇长文的小册子诞生了。

第一篇以时间为轴,从公元前的水钟,一直到当代的人类航天,讲述了"控制"从思想萌芽、理论体系,到实际应用的发展历程。从人物、时间、地点、著作、事件、评价等多方面入手,力图为读者描绘出全面翔实、图文并茂的控制理论发展简史。其中有关现代控制部分略显不足,尤其是 21 世纪以来的智能控制部分,将在未来的再版中进行增补。

在撰写第一篇的过程中,随着对控制史上有名的都江堰和调速蒸汽机的研究,笔者意识到原本以为很平常的都江堰和调速蒸汽机原来并不简单。于是就有了扩写这两部分的想法,并将其付之纸面,这就形成了这本小册子的第二篇和第三篇。

第二篇名为"化腐朽为神奇，驭洪水润万田"，主要是想体现都江堰的精神作用所在，即人与自然的和谐共生。第三篇"从离心力调速到调速蒸汽机"将 1788 年诞生的调速蒸汽机前溯至 1673 年的离心力，不仅完整化了调速蒸汽机的历史，还进行了这样的思考：任何一项伟大的发明创造都源自无数人、无数次的迭代。

本书以百余篇参考文献做强大支撑，提供控制领域经典名作及可考有据的网络资源，力图为控制类课程的教与学提供教辅史料，为国内控制理论发展简史的规范化使用提供帮助。

本书由大连理工大学孙晶、张洋合著而成。具体分工如下：孙晶负责全书正文执笔，张洋负责全书参考文献的筛选与图表的引用，并对全书进行了校订。

本书得到国家社科基金重大项目（22&ZD068）和 2022 年度辽宁省普通高等教育本科教学改革研究一般项目（面向大学生情感态度价值观塑造的工科课程思政建设与实践）的资助。

笔者并非控制领域专家，全凭一腔对教学的热爱之情，整理、归纳、分析、综述而成这本小册子。书中瑕疵与纰漏难免，恳请各位赐教与指正！

2025 年 3 月

目 录

第一篇　控制理论发展简史　/　1

　　早期控制　/　5

　　经典控制　/　17

　　现代控制　/　33

　　结语　/　51

　　控制理论发展简史概略表　/　52

　　中国航天 30 年简表　/　59

　　参考文献　/　61

第二篇　化腐朽为神奇　驭洪水润万田　/　71

　　李冰治水　/　75

　　都江堰工程的控制思想　/　80

　　江湖地位　/　82

　　掩卷而思　/　83

　　参考文献　/　84

第三篇　从离心力调速到调速蒸汽机　/　87

　　调速理论　/　92

　　蒸汽机　/　95

　　调速蒸汽机　/　101

　　掩卷而思　/　104

　　参考文献　/　105

01

第一篇

控制理论发展简史

控制理论发展简史由自动控制技术对人类进步的无数贡献组成

本篇文末的"控制理论发展简史概略表"为控制理论发展简史的三个典型阶段、主要特点及其代表性事件。从中不难看出，在早期控制阶段，朴素的控制思想为提高人类生产生活质量服务，控制理论与机械化紧密相连；在经典控制阶段，控制理论与电力技术共同发展；在现代控制阶段，控制理论与数字化同频共振。每个阶段中的控制理论都历经了萌芽、发展、丰富、成熟这一过程，其中的代表性事件推动了所在阶段的发展，直至形成新的质的飞跃，即进入下一个阶段。

以动力和信息变革为主要特征的四次工业革命贯穿了控制理论发展简史，但终究是一场关于机器的革命。

1 早期控制 1900 年代前

大约公元前 1500 年，具有反馈控制思想的计时器"水钟""漏壶"诞生，可通过控制水流速度恒定以达到计时的效果。公元前 300 年左右，古希腊人克特西比乌斯（Ctesibius，前 285—前 222）运用齿轮将水钟改造成计时准确的机械水钟，如图 1 所示。图 2 所示为西汉沉箭式铜漏壶（前 202—前 9），该铜漏壶由漏壶和沉箭两部分组成。铜漏壶近底部伸出一细管状流口，壶盖中央有一长方形孔，用于插置刻箭。刻箭随壶内水深浅而浮降，从而指示时辰。

日晷是人类古代利用日影测得时刻的一种计时仪器，其原理为根据地球的自转和公转、太阳的投影方向来测定并划分时刻。我国现存最早的日晷为汉代石日晷（前 200—前 100），如图 3 所示，尽管其貌不扬，但计时准确，常被用来校准漏壶。

图 1　古希腊克特西比乌斯水钟[1] 　　图 2　西汉沉箭式铜漏壶 　　图 3　汉代石日晷

大约在前 256—前 251 年（战国秦昭王时期），蜀郡守李冰（生卒年不详）修建都江堰。都江堰由鱼嘴、宝瓶口和飞沙堰三个主要部分组成（图 4）：作为分水堤的鱼嘴将岷江分流为外江和内江，外江起到泄洪作用；作为引水口的宝瓶口使内江水流平稳顺利流入平原，内江起到灌溉作用；作为溢洪道的飞沙堰将内江淤沙排至外江，平衡水、旱两季水量的同时，起到清淤作用。由鱼嘴、宝瓶口和飞沙堰三部分组成的都江堰是由多环节组成的闭环控制系统，充满各种扰动因素、不确定性和时变性，其被控量为进入成都平原的水量，枯水期不能少，丰水期不能多。享誉世界的都江堰是中国最古老的水利工程，至今仍发挥着功效。2015 年 3 月，第 6 届中瑞控制会议（The Sixth Chinese-Swedish Control Conference）在成都召开，瑞典前来参会的控制领域专家在参观了都江堰后，纷纷赞叹其为杰出的控制系统[2]。

图 4 战国时期的都江堰[3]

2012 年至 2013 年间，成都老官山汉墓出土了公元前 100

年左右的西汉提花机模型——滑框型一勾多综式提花织机,是世界上迄今发现的最早提花机实物。提花技术是能够贮存提花信息的复杂织造技术,通过提花装置将丝织品的图案贮存起来,使得所有运作都可重复进行,如同计算机编程一般。例如,被存储在织机上的图案花本由代表经线的脚子线和代表纬线的耳子线根据纹样要求编织而成。上机时,脚子线与提升经线的纤线相连,通过拉动耳子线一侧的脚子线提升相关经线。如图5所示,宋应星(1587—约1666)在《天工开物》中描述了小花楼提花机工作的场景:"凡工匠结花本者,心计最精巧。画师先画何等花色于纸上,结本者以丝线随画量度,算计分寸秒忽而结成之,张悬花楼之上。"这段话的意思就是若想把设计好的图案重现在织物上,则应按图案使成千上万根经线有规律地交互上下提综。综是带动经线做升降运动而形成梭口的部件,综越多,织机能织的纹样就越复杂。可以说,提花机体现了朴素的数控编程思想。

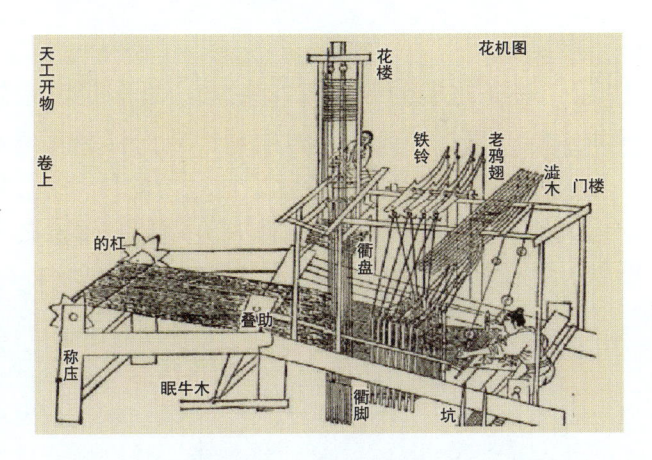

图5 小花楼提花机([明]宋应星《天工开物》)

50—60年,古希腊数学家希罗(Hero,10—70)发明了自动开关庙门、自动分发圣水、自动贩卖机等具有开环控制思想的装置。如图 6 所示，自动打开庙门的装置为世界上最早以气压和物重为动力的自动门，点火后 B 中空气膨胀，水进入 D，利用水的重力使得轴 F 转动，将门打开。当火熄灭时，庙门在重锤 E 作用下自动关闭，因此这是一个开环控制系统。

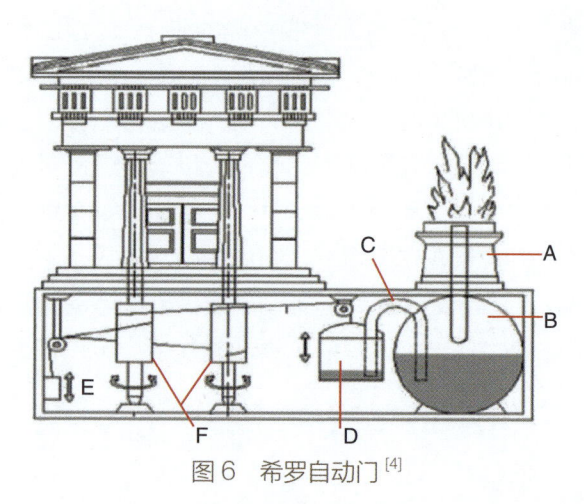

图 6　希罗自动门[4]

117 年，东汉时期的张衡（78—139）发明了漏水转浑天仪。其主体为直径 4 尺 6 寸的铜球，球面标出星官、黄道、赤道等，利用稳定的漏壶流水，通过齿轮传动装置推动铜球均匀绕极轴旋转，来模拟星体东升西落。漏水转浑天仪是世界上有明确记载的第一台用水力发动的天文仪器[5]。1092 年，北宋苏颂、韩公廉等人发明制造了以水力驱动的大型自动化仪器——水运仪象台。这座集浑仪、浑象和计时装置为一体的天文台，具有天象观测、天象演示与计时的功能。将水轮（枢轮）、齿轮系、控制机构、计时器、浑象和浑仪等集成机械系统；由杆系与秤漏等构成控制机构（天衡），其功能相当于近代机械钟表的擒纵机构。水运仪象台的设计与制造水平堪称一绝，充分体现了我国古代劳动人民的聪明才智和富于创造的精神。图 7 所示为我国古代科技史学家、博物馆学家王振铎先生（1911—1992）于 1958 年复原的水运仪象台模型（比例为 1∶5），现陈列于中国历史博物馆[6]。

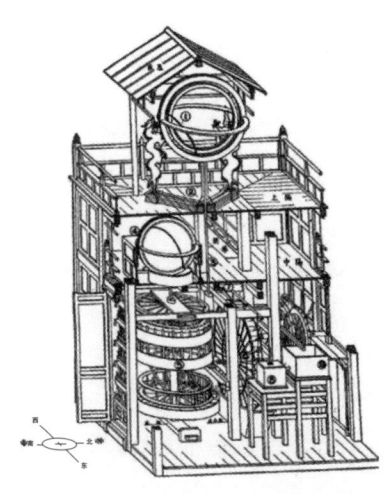

图 7　王振铎复原的水运仪象台总图[6]

235 年左右，三国时期的马钧（生卒年不详）研制出指南车，无论车辆如何翻滚、旋转、调整，车上木人的手永远都指向南方，故名指南车。早期的历史文献对指南车的基本构造及功能原理仅有零星描述，直到宋朝的燕肃指南车（1027）出现才有了详细的文字记载。1936 年，王振铎先生对燕肃指南车进行了深入研究，给出其基本构造的复原设计方案，制成复原模型，如图 8 所示[7,8]。无论车向哪个方向转，中心大平轮与车的转向正好相反，恰好抵消车转弯的影响，使木人的指向保持不变。英国科学技术史家李约瑟（Joseph Needham，1900—1995）称指南车为"人类历史上迈向控制论机器的第一步""所有控制论机器的祖先"。

(a)燕肃指南车复原的设计图　　　　(b)模型

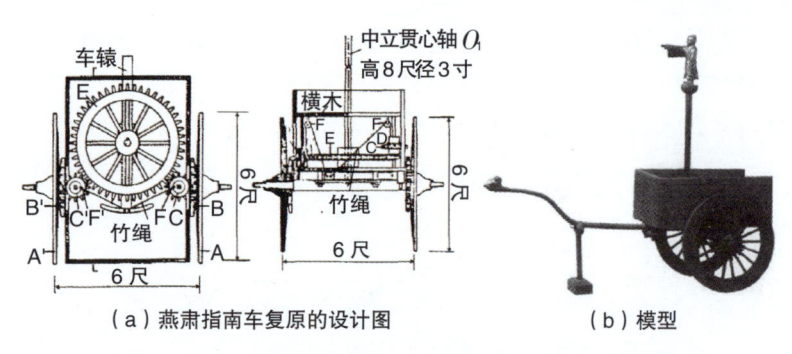

图8　1936年王振铎对燕肃指南车复原的设计图[7]和模型[8]

调速蒸汽机是控制史乃至科技史的璀璨明珠。1788年，英国企业家、发明家詹姆斯·瓦特（James Watt，1736—1819，图9）将离心式飞球调速器用于托马斯·纽科门（Thomas Newcomen，1663—1729，图10）的蒸汽机，相当于给蒸汽机添加了节流阀，通过自动调节蒸汽量保证蒸汽机在不同的工作负荷时，保持一定的转速，这就是反馈思想的工程应用——调速蒸汽机。另一说法是詹姆斯·瓦特和他的商业合作伙伴马修·博尔顿（Matthew Boulton，1728—1809）共同推进了调速蒸汽机的诞生（图11）[9-11]，后者在商业策划上做了大量的工作，因此调速蒸汽机又被称为博尔顿和瓦特蒸汽机（Boulton & Watt 蒸汽机），甚至博尔顿将调速蒸汽机用到了铸币厂，获得了可观的经济效益[9]。

图9　詹姆斯·瓦特　　　　图10　托马斯·纽科门

— 离心式飞球调速器

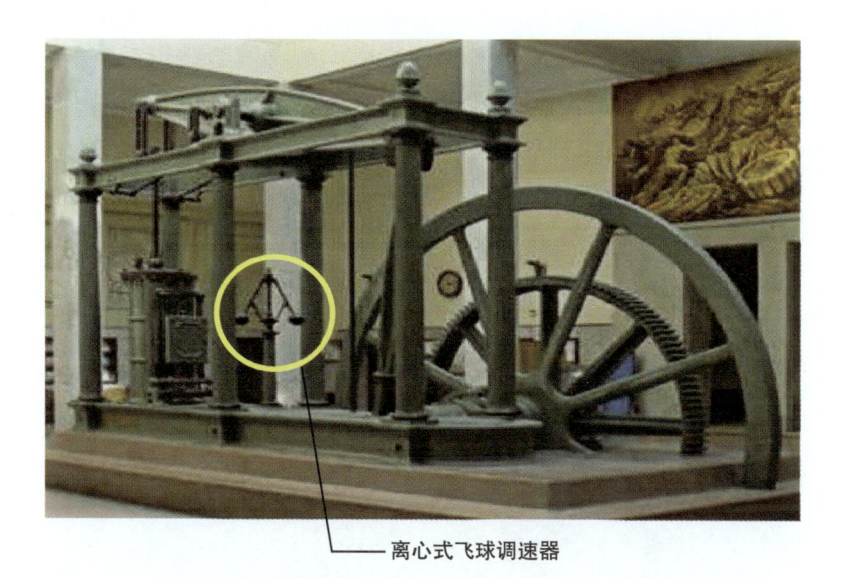

图 11 苏格兰工程师詹姆斯·瓦特和马修·博尔顿共同建造的第一台带有离心式飞球调速器的蒸汽机 [10,11]

　　1865年，清代科学家、中国近代化学之父、中国近代造船工业先驱徐寿（1818—1884）设计建造了中国第一艘蒸汽机明轮船"黄鹄"号。据1868年8月31日上海《字林西报》报道，这艘船载重25吨，长55华尺；采用双联卧式蒸汽机复机，单式汽缸，倾斜装置，汽缸直径1华尺，长2尺；锅炉为苏格兰式回烟烟管汽锅，长11尺，直径2尺6寸；锅炉管49条，长8尺，直径2寸；主轴长14尺，直径2.4寸。船舱在主轴后，机器集中在船的前半部。这艘轮船所用材料除了"用于主轴、锅炉及汽缸配件之铁"购自外洋，其他一切器材，包括"雌雄螺旋、螺丝钉、活塞、气压计等，均由徐寿父子之亲自监制，并无外洋模型及外人之助"[12]。1866年，"黄鹄"号在扬子江试航成功，不到14小时逆流行驶了225里，时速约16里；而返回时顺流仅用了8小时，时速约28里。

"黄鹄"号是中国人自行研制并建造成功的第一艘机动轮船，它的开航揭开了中国近代船舶工业发展的帷幕，更标志着中国机器生产的开始[13,14]。1868 年，徐寿父子设计建造成中国第一艘机器动力木壳明轮兵船"惠吉"号，并在江南造船厂下水。如图 12 所示，"惠吉"号舰长 180 尺，马力 392 匹，排水量 600 吨，装有大炮 8 门[15]。"黄鹄"号和"惠吉"号的诞生体现了自强不息的伟大中华民族精神。有人这样评价徐寿：或许在整个科学史上的成就微不足道，但是在封闭和黑暗的清朝，他的一举一动都散发着无尽的光辉[13]。

图 12　中国第一艘机器动力木壳明轮兵船"惠吉"号[13]

1866 年，苏格兰工程师约翰·格雷（John Gray，1831—1908）发明了具有反馈思想的蒸汽舵机，如图 13 所示，并于 1867 年将其应用于著名的英国大东方号（SS Great Eastern）轮船。约翰·格雷设计了具有差速螺杆的蒸汽阀，当舵机工作时，其转向角度被传输到差速螺杆上，后者控制着为舵机提供动力的蒸汽阀。当舵机转向到所需角度时，可调节蒸汽阀以降低功率；当舵机转向未达到或超过所需角度时，蒸汽阀被打开以增大动力，直至舵机转向角度符合要求[16]。

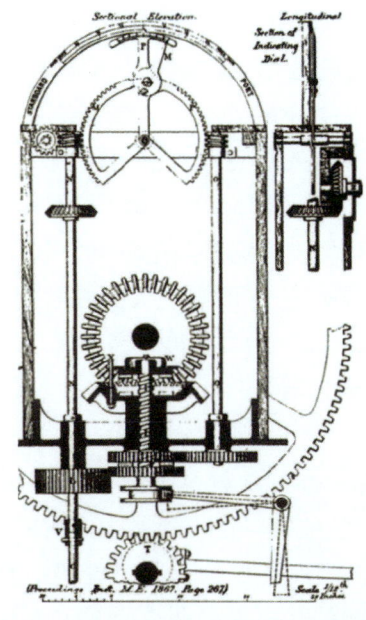

图 13　约翰·格雷设计的具有反馈思想的蒸汽舵机[16]

1868 年，英国物理学家、数学家詹姆斯·麦克斯韦（James Maxwell，1831—1879，图 14）发表《论调速器》（On Governors）[17]，提出了反馈控制的思想，给出反馈控制系统稳定性的严格数学分析。该文采用非线性系统的线性化处理，给出了低阶系统稳定性的判别条件，指出带调速器的机器通常在有扰动的情况下仍然能以均匀的方式运动，其中扰动是多种组成部分的运动的综合。该文从理论层面分析了蒸汽机自动调速器和钟表机构的运动稳定性问题，是关于反馈思想的第一篇重要论文。1876 年，俄罗斯学者伊万·维什内格拉茨基（Ivan Vyshnegradsky，

图 14　詹姆斯·麦克斯韦

1832—1895）独立地给出了类似的系统稳定性判据[18,19]。

麦克斯韦的这篇著作在控制史乃至科技史均占有重要地位。1948 年，当美国应用数学家、控制论先驱诺伯特·维纳（Norbert Wiener，1894—1964）考虑为新领域"控制论"定名时，想起了麦克斯韦："我们已经决定了为整个控制和通信领域起一个名字，不管涉及机器还是动物，就叫作 Cybernetics，它来自希腊文 kubernetes，即掌舵人。在选择这个词的时候，我们应当追溯到麦克斯韦 1868 年发表的第一篇论述反馈机制的重要论文：《论调速器》。"[20]

其实早在 1851 年，英国数学家、天文学家乔治·艾里（George Airy，1801—1892）就发表过关于调速器稳定性问题的研究报告。由于他的报告过于简单，单从报告内容上无法确定他是如何获得稳定性条件的，或者说他的研究报告没有推演过程[21]。除了文献[21] 提及此事之外，对于乔治·艾里这一研究成果无处考证，甚至连乔治·艾里的所有生平简介中都未曾提及。设想一下，如果乔治·艾里的研究报告足够完善和严谨，有关调速器稳定性的这一重大发现的提出人可能就是他了。

麦克斯韦在《论调速器》中提出："我尚未能完全确定高于三阶方程的条件，希望这个研究题目会引起数学家们的注意。"1877 年，英国数学家爱德华·劳斯（Edward Routh，1831—1907，图 15）以《已知运动状态的稳定性》(*A treatise on the stability of a given state of motion, particularly steady motion*)[22] 赢得了由英国剑桥大学 1848 年设立、由该校数学学院颁发的亚当斯

图 15　爱德华·劳斯

奖（Adams Prize），文中他提出了我们今天熟知的劳斯稳定性判据，即基于行列式对系统特征根进行分析从而判断高阶系统的稳定性，得到了更一般性的判别方法。

德国数学家阿道夫·赫尔维茨（Adolf Hurwitz，1859—1919，图 16）在 1895 年独立地提出将多项式的系数放到赫尔维茨矩阵中，证明当且仅当赫尔维茨矩阵的主要子矩阵其行列式形成的数列均为正值时多项式稳定[23]。劳斯稳定判据和赫尔维茨矩阵具有一定的等价性，被称为劳斯-赫尔维茨稳定性判据，除用于判断线性时不变控制系统的稳定性之外，对于分析系统参数变化对稳定性的影响、系统的相对稳定性、不稳定极点个数、参数的稳定域等方面均有帮助。

图 16 阿道夫·赫尔维茨

1892 年，俄国数学家、力学家亚历山大·李亚普诺夫（Alexander Lyapunov，1857—1918，图 17）在《论运动稳定性的一般问题》（*A general task about the stability of motion*）[24]中给出了运动稳定性的科学概念、研究方法和科学理论体系，从而推动了稳定性在数理科学与技术科学、数学、力学等领域中的巨大发展。在这一历史性著作中，李亚普诺夫提出了两类解决运动稳定性问题的方法：第一方法是通过求解微分方程来分析运动稳定性；第二方法则是定性方法，它无须求解微分方程，而是通过一类具有某些形式的函

图 17 亚历山大·李亚普诺夫

数 V（李亚普诺夫函数）研究它及其对于系统的全导数的有关性质，从而得出稳定性结论。第二方法又称为直接方法，它具有科学的概念体系、判定方法和自成一套的理论。现在被广泛应用于解决航空、航天、导弹等非线性系统稳定性问题的李亚普诺夫方法即李亚普诺夫第二方法[25]。

2 经典控制　1900—1950 年代

流水生产线将输送机械与控制系统、随行夹具、检测设备等进行有机组合，极大地提高了生产与装配效率。1913 年，美国汽车工程师、企业家亨利·福特（Henry Ford，1863—1947，图 18）将装配线概念应用到工厂，建成世界上第一条汽车流水装配生产线，如图 19 ~ 图 22 所示，自动化技术助力实现了汽车的批量生产，一辆车的装配时长从 12 小时降到 93 分钟，生产率提高了约 20 倍[26]。随后，由滑轨和传送带构成的移动底盘装配线更是令福特汽车产量得以数十倍的增加，使得福特的 T 型车走进千家万户[27]。

图 18　亨利·福特

图 19　一名工人将 T 型驱动轴连接到变速器上，另一名工人使用链式起重机将发动机降到底盘上进行安装（1913 年）

图 20　在福特 T 型汽车底盘装配线上，车架、车轴、油箱、发动机、仪表盘、车轮、散热器和车身等按顺序组装。工人将从高架平台滑下且内有汽油的油箱连接到底盘上，以便于在生产线末端的整车可被直接开走（1914 年）

图 21　使用高架单轨输送机在车间及工厂周围运送零件，该输送机轨道超过 1.5 英里，贯穿整个工厂（1914 年）[28]

图 22　在底盘装配线的仪表板安装过程中，工人将点火线、火花和油门控制装置连接到发动机上，并将转向柱连接到前桥的横拉杆上（1915 年）

1921年，俄裔美国应用数学家尼古拉斯·米诺尔斯基（Nicholas Minorsky，1885—1970，图23）参与在新墨西哥号战列舰上安装和测试自动转向系统工作。结合该项工作，米诺尔斯基撰写了有关比例-微分-积分控制（PID）的论文《自动转向机构的航向稳定性》（*Directional Stability of Automatically Steered Bodies*）[29]，首次用解析方法分析了PID稳定性问题。在控制领域内，该论文被认为与詹姆斯·麦克斯韦、爱德华·劳斯和阿道夫·赫尔维茨的研究具有同样重要的地位。

图23　尼古拉斯·米诺尔斯基

1925—1940年，美国发明家、企业家老埃尔默·斯佩里（Elmer Sperry，1860—1930，图24）和他创立的斯佩里陀螺仪公司（Sperry Gyroscope Company）研制出人工伺服防空火炮控制器（Human Servo Anti-aircraft Gun Director）。如图25所示，该人工伺服机构控制的火炮由望远镜、高低角（上下方向）与方位角（水平方向）仪表盘、当前水平量程仪表盘、发射指挥官平台、方位角跟踪操作员座位、高低角操作员座椅等部分组成，工作时最少要有3名士兵：1名控制水平方位角，1名控制上下方向高低角，1名负责开炮[30]。

图24　老埃尔默·斯佩里

图 25　斯佩里 T-6 人工伺服防空火炮控制器 [此图片来源于美国"哈格利博物馆和图书馆"（Hagley Museum and Library）]

1927 年 8 月 2 日，AT&T 公司的贝尔实验室工程师哈罗德·布莱克（Harold Black，1898—1983，图 26）在上班途中的哈德逊河渡船上灵光一闪，想出了负反馈放大器理论（Negative Feedback Amplifier）[31]。由于手边没有合适的纸张，他将其记在了一份纽约时报上，这份纽约时报已成为珍贵文物被珍藏在 AT&T 档案馆中（图 27）[32]。该理论提出了基于误差补偿的前馈放大器，并对其进行了数学分析，解决了电话自动转发装置的放大器失真问题，减少了贝尔系统的线路拥挤，通过载波电话扩展了长途网络。在第二次世界大战中，它使精确的火控系统成为可能，构成了早期运算放大器及精确的可变频率音频振荡器的基础[33]。由于负反馈放大器可能不稳定并发

图 26　哈罗德·布莱克

生振荡，因此，在奈奎斯特理论的帮助下，哈罗德·布莱克在 1934 年发表了《稳定的反馈放大器》(*Stabilized Feedback Amplifiers*)[34]。他在 1957 年获 IEEE Lamme Medal（美国电气电子工程师协会兰姆奖章），时任贝尔实验室总裁的默文·凯利（Mervin Kelly，1894—1971）给出的颁奖词为：负反馈放大器与三极管并列为过去 50 年里电子和通信领域最重要的两项发明。毫不夸张地说，没有布莱克的发明，就没有覆盖全国的长途电话、电视网络及跨洋电话电缆。而且布莱克的负反馈相关原理并非只能应用于电信领域，若没有负反馈理论的支撑，众多的工业和军事领域问题都是无法解决的[32]。

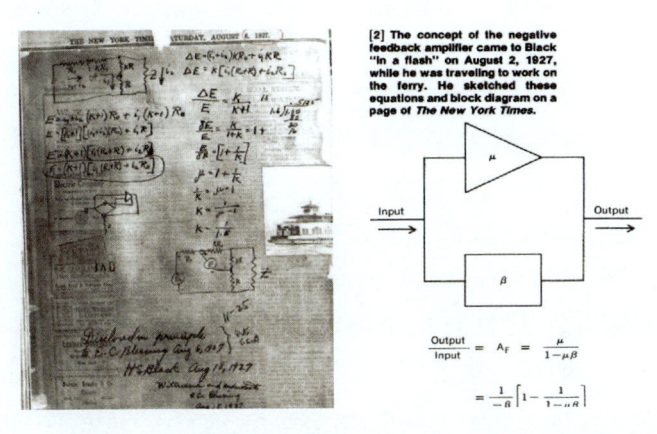

图 27　哈罗德·布莱克写在纽约时报上的负反馈放大器手稿（左）[34]；后期整理的手稿上的核心内容（右）[31]

1928 年，美国过程控制专家克莱森·梅森（Clesson Mason，1893—1980）和韦伯斯特·弗莱莫耶（Webster Frymoyer，1899—1991）提出两项气动过程控制器专利申请（分别于 1934 和 1931 年授权）[35,36]。这两项专利均使用毛细管连接的膜片单元来改变挡板 – 喷嘴单元中的背压。随后，克莱森·梅森的专利被应用于某石油转炉系统中，然而由于反复屈曲导致隔膜单元不断发生压裂，不久该系统即被拆除。1930年，克莱森·梅森提交了另一项气动控制机构的专利申请[37]，该专利设计了一种负反馈气动放大器：作用到挡板喷嘴的先导阀出口信号以反馈信号的方式作用到控制阀上，成为控制阀的执行信号，解决了1928年申请专利在应用过程中出现的问题。克莱森·梅森的这一发明与哈罗德·布莱克的负反馈放大器[34]有着极大的相似之处，他们均认为系统的闭环属性受反馈通路上的元件影响。1930年申请的专利在1931年成为第一个具有宽带比例控制器的气动PI控制器，被福克斯波罗公司（Foxboro Co.）应用于"Foxboro Model 10 Stabilog"控制器中，取得了非常好的使用效果[38]。

1930年，计算机先驱美国工程师万尼瓦尔·布什（Vannevar Bush，1890—1974，图28）研制出第一台被广泛使用的模拟计算机——微分分析仪（Differential Analyzer）（图29左）[39]。该计算机由电动机驱动，以轴的运动代表变量，通过将值输入齿轮完成乘法和加法，在圆台上以不同半径旋转的刀刃轮完成积分（图29右）。在求解微分方程组时，将不同的机械积分器连接起来，利用齿轮转动的角度模拟计算。该微分分析仪在二战中被用来计算炮弹弹道，推动了战后数字计算机的研究。

图28　万尼瓦尔·布什

图29　第一台模拟计算机——微分分析仪（左）及其积分器（右）[39]

1932 年，瑞典裔美国物理学家哈里·奈奎斯特（Harry Nyquist，1889—1976，图 30）发表关于反馈放大器稳定性的经典论文《再生理论》(*Regeneration Theory*)[40]，给出了用于判断动态系统稳定性的奈奎斯特图法，即奈奎斯特稳定性判据（Nyquist Stability Criterion）。"再生（Regeneration）"一词即"反馈（Feedback）"的意思，哈里·奈奎斯特认为，对于闭环控制系统而言，反馈的存在使得系统可被不断再生或再造。奈奎斯特稳定性判据仅需根据系统的开环奈奎斯特图即可判断系统的闭环稳定性，避开了求解系统的闭环零极点，可用于多输入、多输出系统，例如飞机的控制系统。此外，该判据还是哈罗德·布莱克的"稳定的反馈放大器（1934 年）[34]"的理论支撑。

图30　哈里·奈奎斯特

1934 年，麻省理工学院的哈罗

图31　哈罗德·哈森

23

德·哈森（Harold Hazen，1901—1980，图31）发表伺服控制领域先驱性工作《伺服机构理论》(*Theory of Servo-mechanism*)[41,42]，将伺服机构分为继电器式、定向和连续控制等三类，构建了可精确跟踪输入的机电伺服机构，使得雷达追踪系统具有了闭环控制功能，强化了巡航导弹的精准度。

1937年，英国数学家、计算机科学家、人工智能之父艾伦·图灵（Alan Turing，1912—1954，图32）发表论文《论可计算数及其在判定性问题上的应用》(*On Computable Numbers, with an Application to the Entscheidungsproblem*)，分两部分发表在伦敦数学学会会刊上[43,44]，给出了现代计算机的原型——图灵机（Turing Machine）。图灵机由1个控制器、1条可无限延伸的带子和1个在带子上左右移动的读写头组成，可读入一系列的0和1，不仅可衡量可计算性，而且可用于衡量计算复杂性，甚至可以进行逻辑符号处理。图灵机的诞生为现代计算机逻辑工作方式奠定了基础，这篇论文更是被称为"史上最有影响力的数学论文"[45]。

图32 艾伦·图灵

1937年，美国数学家、信息论之父克劳德·香农（Claude Shannon，1916—2001，图33）在他的硕士论文《继电器与开关电路的符号分析》(*A Symbolic Analysis of Relay and Switching Circuits*)（麻省理工学院，导师：万尼瓦尔·布什）[46]中提出继电器逻辑自动化理论，该硕士论

图33 克劳德·香农

文于 1938 年发表在美国电气工程师学会会刊上[47]。该文首提 AND、OR 和 NOT 逻辑门；把布尔代数的"真"与"假"和电路系统的"开"与"关"对应起来，并用 1 和 0 表示，利用电气开关的二进制特性来执行逻辑功能是数字电路的理论基础。该文的主要思想在第二次世界大战期间和之后发挥了重要作用，成为实用数字电路设计的基础。多元智能理论提出者、发展心理学家霍华德·加纳德（Howard Gardner，1943 年至今）评价："这可能是本世纪（20 世纪）最重要、最著名的硕士论文。"[48]除了继电器逻辑自动化理论，克劳德·香农还于 1948 年发表专著"A Mathematical Theory of Communication"[49,50]，并于 1949 年更名为《通信的数字理论》（The Mathematical Theory of Communication）[51]，该文为通信史上最杰出的理论之一，奠定了信息论的基础。

1938 年，荷兰裔美国科学家、现代控制理论先驱亨德里克·伯德（Hendrik Bode，1905—1982，图 34）在《网络分析与反馈放大器设计》（Network Analysis and Feedback Amplifier Design）[52]一文中给出控制系统设计与分析方法——伯德图法，该方法引入对数坐标系，不仅给出系统的频率响应，还可根据伯德图中的增益、裕度等进行稳定性分析。

图 34　亨德里克·伯德

可以说，伯德图为一种快速且直观的系统设计和稳定性分析工具，在当时的背景下使频率特性的绘制工作更加适用于工程设计。伯德图法与前述的奈奎斯特图法并称为频率响应分析法。

创建于 1940 年的麻省理工学院辐射实验室（MIT Radiation Laboratory）在第二次世界大战期间做了大量微波和

雷达方面的研究工作。1947 年，麻省理工学院出版了辐射实验室系列丛书，共 28 册，其中第 25 册名为《伺服机构理论》(*Theory of Servo-mechanisms*)[42]，主编分别为曾工作于该实验室的美国物理学家休伯特·詹姆斯（Hubert James，1908—1986，图 35 左）、控制工程师纳撒尼尔·尼柯尔斯（Nathaniel Nichols，1914—1997，图 35 中）和数学家拉尔夫·菲利普斯（Ralph Philips，1913—1998，图 35 右）。该册包括尼柯尔斯图表法（Nichols plot，将伯德幅值图和相位图进行合并，频率只是参数，不显示在尼柯尔斯图中）、拉尔夫·菲利普斯的伺服机构噪声分析（Noise in Servomechanisms）、维纳的随机干扰方法（自相关、谱密度）、最小平方误差准则在控制回路设计中的应用、建模采样数据系统工具（沃尔特·胡列维茨（Witold Hurewicz，1904—1956）的 z 变换）等部分。该册涉及自动雷达跟踪、武器火力控制计算机、电力驱动伺服机构等关键内容，为控制领域影响力和阅读量最大的书籍之一。

图 35　休伯特·詹姆斯（左）；纳撒尼尔·尼柯尔斯（中）；拉尔夫·菲利普斯（右）

1948年，美国控制理论家沃尔特·埃文斯（Walter Evans，1920—1999，图36）发表论文《控制系统的图形分析法》（Graphical Analysis of Control Systems），提出图解法求闭环特征方程根的根轨迹法（Root Locus Method），完成了以单输入线性系统为对象的经典控制工作[53]。

图36 沃尔特·埃文斯

1948年，美国应用数学家诺伯特·维纳（Norbert Wiener，1894—1964，图37左）出版了对近代科学影响深远的著作《控制论：关于在动物和机器中控制和通信的科学》（Cybernetics or Control and Communication in the Animal and the Machine，图37中、右）[54]，开创了全新的交叉与边缘学科——控制科学，维纳也因此被誉为控制论创始人。反馈思想是控制论的核心，正如维纳所说，"Feedback is a method of controlling a system by inserting into it the result of its past performance"，即反馈是一种控制系统的方法，该方法将系统的输出作用于系统的输入。控制论横跨基础科学、技术科学和社会科学等学科，是适用于多学科与领域的科学思想和方法论。现代社会的许多新概念和新技术均与控制论有着密切联系，它与相对论、量子力学齐名，被称为20世纪最伟大的科学成就之一。维纳一生涉足哲学、数学、物理学、工程学、生物学，成果丰硕。

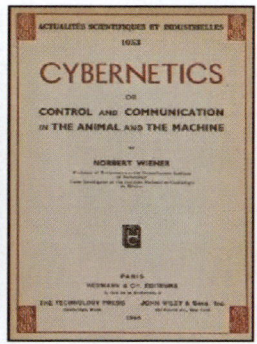

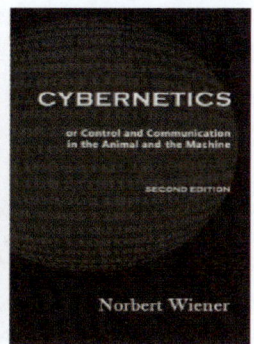

图37 诺伯特·维纳（左）和不同版本的《控制论》（中）（右）

美国实业家、发明家约翰·帕森斯（John Parsons，1913—2007，图38左）在20世纪40年代提出使用穿孔带的数控（Numerical Control）理念，即通过在长胶带上打孔来存储数字数据，然后由纸带阅读器读取打孔数据并转换为机器的执行指令，由此开创了机床的数控时代。约翰·帕森斯更被誉为"数控之父"，美国制造工程师学会给予他的颁奖词（1975年）为："他对数控这项技术赋予的概念化标志着第二次工业革命的开始以及精密加工时代的到来。"1949年，约翰·帕森斯代表帕森斯公司与美国空军谈判并签订建造第一台数控铣床的合同，目的是生产直升机叶片和飞机蒙皮[55,56]。

1952年，根据与帕森斯公司的合同，时任麻省理工学院伺服机构实验室负责人的威廉·皮斯（William Pease，1920—2017，图38中）组织并参与设计了世界上第一台实验性数控铣床，它以纸带打孔作为数控指令，采用了磁带阅读器以及真空管电子控制系统。同年，麻省理工学院伺服机构实验室的数控小组推出可实现连续加工路径的数控铣床（图39）[57]。随后，由道格拉斯·罗斯（Douglas Ross，1929—2007，图 38 右）领导的计算机应用小组开发了易于数控机床使用的自动编程工具语言——APT（Automatically Programmed Tools），并成为数控机床编程语言的世界标准，这使得数控机床的发展如虎添翼[58]。1958 年，由清华大学和北京第八机床厂共同研制的我国第一台（也是亚洲第一台）数控机床 X53K-1 在清华航空馆诞生（图 40 左）。1960 年，清华大学成功研发出我国第一台数控铣床（图 40 右）。

图 38　约翰·帕森斯（左）；威廉·皮斯（中）；道格拉斯·罗斯（右）

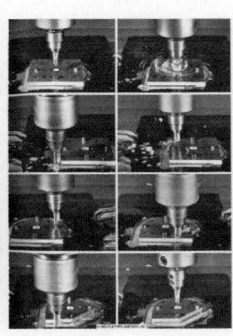

图 39　第一台数控铣床（左）；该机床的三坐标运动：刀具的垂直移动、刀具在工作台上的横向滑动及工作台的左右移动（中）；同时协调三轴运动的控制系统面板（右）[57]

图40 我国第一台数控机床（左）；我国第一台数控铣床（右）（此图由清华大学机械系提供）

1954年，空气动力学家、系统科学家钱学森先生（1911—2009，图41左）的《工程控制论》英文版 Engineering Cybernetics[59]问世（图41中），首次提出在工程设计和实验中能够直接应用的关于受控工程系统的理论、概念和方法。该书先后有1956年的俄文版、1957年的德文版、1958年的中文版[60]（图41右）出版发行，其中中文版由当时就职于中国科学院自动化研究所的何善堉（1931—2002）与戴汝为（1932年至今）根据1955年钱学森先生在中国科学院力学研究所讲授工程控制论的笔记及英文原著，并吸收俄文版所添加的俄文文献整理而成。专著 Engineering Cybernetics 赋予"工程控制论"这门学科以新的含义，并很快为世界科学技术界所接受[61,62]。

图41 钱学森（左）；1954版 Engineering Cybernetics（中）；中文1958版《工程控制论》（右）

Engineering Cybernetics 前言中有如下一段话：这门新科学的一个非常突出的特点就是完全不考虑能量、热量和效率等因素，可是在其他各门自然科学中这些因素却是十分重要的。控制论所讨论的主要问题是一个系统的各个不同部分之间的相互作用的定性性质，以及整个系统的综合行为[62]。

钱学森先生认为：工程控制论是一门为工程技术服务的理论科学，它的研究对象是自动控制和自动调节系统里的具有一般性的原则，所以它是一门基础学科，而不是一门工程技术。工程控制论并不单独研究声场过程自动化的理论，也不单独研究导弹的制导理论，它所研究的是具有一般化的理论。这种理论对生产过程自动化既然有用，对飞机的控制和稳定系统的设计也有用；只要是自动控制系统，只要是自动调节系统，他们的设计就得应用工程控制论[63]。

因此按照钱学森先生的定义，工程控制论的对象是研究控制论这门科学中能够直接应用到工程设计的那些部分。它是一门技术科学，其目的是把工程实践中所经常运用的设计原则和试验方法加以整理和总结，取其共性，并提高到科学理论的水平，使科学技术人员的眼界更加开阔，用更系统的方法去观察技术问题，从而充分理解和发挥这门新技术的潜在力量，指导千差万别的工程实践，推动系统工程的发展[61]。

关于诺伯特·维纳的"控制论"和钱学森的"工程控制论"两者之间的关系可从以下角度进行理解：

1.《工程控制论》是继《控制论》一书出版后，以火箭为应用背景的自动控制方面的著作，书中充分体现并拓展了控制论的思想。诺伯特·维纳给出了一个对"控制论"进行了广博的虽然是完全非数学的描述。钱学森通过与控制导弹有关的问题的驱动，提出了可作更多数学解释的"工程控制论"[62]。

2."控制论"是更广泛的一门学问，它不但是工程技术里自动控制和自动调节系统的理论，它也包含一切自然界的控制系统，像生物的控制系统。所以反过来说，"工程控制论"就是"控制论"里面对工程技术有用的那一部分，它是"控制论"的一个分支[63]。

3. "工程控制论"描述了"控制论"思想的数学和工程概念，将其分解为具体细化的科学概念供工程应用；论证了一种新的系统设计原则的必要性，这些系统的属性和特征在很大程度上是未知的[64]。

钱学森先生的 *Engineering Cybernetics* 被公认为自动控制领域的经典著作之一，50 年来（截至 2005 年）也是该领域中引用率最高的文献之一，它的一些内容被纳入中外相关专业教科书。同时，中国科学家钱学森更是因此而成为推动控制论科学思想的重要代表人物[62]。

3 现代控制 1950 年代至今

现代控制起源于 20 世纪 50 年代冷战时期的军备竞赛，如导弹、卫星、航天器、空间站和美国导弹防御计划星球大战（图 42）。同时，日新月异的计算机技术使得模糊数学、分形几何、混沌理论、灰色理论、人工智能、神经网络、遗传算法等学科与控制理论交叉融合，推动现代控制理论迅猛发展。

图 42 美国海军 F-9F 战斗机挂载 AIM-9B "响尾蛇"空空导弹（左上，1956）；全球首颗人造卫星苏联 Sputnik I（右上，1957）；美国航天飞机 Apollo 11-17（左下，1961—1972）；时任美国总统罗纳德·里根宣布星球大战（Star Wars Program）正式开始（右下，1983）

1952—1954 年，美国数学家理查德·贝尔曼（Richard Bellman，1920—1984，图 43）发表著名的数学优化方法：动态规划（The Theory of Dynamic Programming）[65,66]，即把复杂问题分解为子问题，通过组合子问题的解从而得到整个问题的解。动态规划的核心思想是通过拆分子问题来记住求过的解，减少重复计算，节省时间。希腊哲学家乔治·桑塔亚纳（George Santayana，1863—1952）说过这样一句话：忘记过去的人注定会重蹈覆辙。动态规划的核心思想与其在哲学角度上不谋而

图 43　理查德·贝尔曼

合。与动态规划相关联的两个重要方程分别是贝尔曼方程和汉密尔顿 – 雅克比 – 贝尔曼方程。前者是离散时间动态规划最优性的必要条件，被广泛应用于工程控制、应用数学、经济学等领域；后者是最优控制理论的核心，是贝尔曼方程在连续时间内的延伸。

自 1956 年，苏联数学家列夫·庞特里亚金（Lev Pontryagin，1908—1988，图 44）领导的小组陆续发表关于最优控制的研究成果，即极大值（Maximum Principle）原理[67]，给出在最一般情况下最优控制的必要和部分充分条件。该原理为控制论学科的里程碑，与经典最小作用原理相洽，构造了从欧拉、拉格朗日、

图 44　列夫·庞特里亚金

汉密尔顿的分析力学到维纳控制论之间的桥梁，将维纳的控制论归属到应用数学类，使得当时费尽心机解决各种自动控制问题的工程界人士豁然开朗，一大批工程技术问题变得迎刃而解，更被广泛应用于航空、经济、宇宙学、天体物理学中[68]。

1957 年，世界上第一颗人造地球卫星——Sputnik I（图 45）由苏联发射成功，质量 83.6 千克，直径 0.58 米，如篮球般大小，内含 2 台无线电发射机，其主要用途是将太空气象、宇宙线、陨石等资料送回地面。在轨工作 22 天，远地点距地球 896 千米，近地点距地球 244 千米，每 90 分钟绕地球一周[69]。Sputnik I 的成功发射标志着人类航天时代的开启。我国第一颗人造卫星——东方红一号（图 46 左）由"东方红"乐音装置、短波遥测、跟踪、天线、结构、热控、能源和姿态测量等组成，于 1970 年 4 月 24 日由长征一号运载火箭（图 46 中、右）发射成功，其具体任务是测量卫星本体的工程参数、探测空间环境参数、奠定卫星轨道测量和遥测遥控的物质技术基础[70]。

图 45 世界上第一颗人造地球卫星 Sputnik I 的外形（左）；结构（中）；外壳（右）[71]

图 46 我国第一颗人造地球卫星东方红一号（左）；发射东方红一号的长征一号末级火箭和东方 1 号卫星（中）；长征一号运载火箭矗立在发射架上（右）[72]

1959 年，美国发明家乔治·德沃尔（George Devol，1912—2011，图 47 左）和企业家约瑟夫·恩格尔伯格（Joseph Engelberger，1925—2015，图 47 右）研制出世界首台工业机器人——尤尼梅特[73]（图 48），英文为 Unimate，词头取自 universal（万能的、通用的），词尾取自 animate（有活力的），因此 Unimate 意为万能自动。其外观像坦克的防空炮，质量 2 吨，底座上面有一个大机械臂，手臂上又外伸一个可伸缩式和旋转的小机械臂，由液压执行机构驱动，能完成一些简单动作，例如替代人做抓放零件的工作，工作精度可达 0.254 毫米。1961 年，Unimate 在美国通用汽车公司安装运行，主要用于压铸处理、点焊，以及从压铸机中取出热金属片并将它们堆叠起来[74-76]。

图 47　乔治·德沃尔（左）；约瑟夫·恩格尔伯格（右）和机器人服务生[77]

图 48　世界首台工业机器人 Unimate[78]

1960年，匈牙利裔美国数学家鲁道夫·卡尔曼（Rudolf Kalman，1930—2016，图49）发表论文《论控制系统的一般性理论》(*On the General Theory of Control Systems*)[79]，引入了可控性（Controllability）、可观性（Observability）等现代控制理论重要概念。同年，他将研究成果拓展到状态空间，发表论文《线性滤波与预测问题的一种新方法》(*A New Approach to Linear Filtering and Prediction Problems*)，提出了著名的卡尔曼滤波（Kalman Filtering）理论[80]。卡尔曼滤波理论不要求信号和噪声都是平稳过程的假设条件，对于任意时刻的系统扰动和观测误差（噪声），只要对它们的统计性质作适当假定，通过对含有噪声的观测信号进行处理，就能在平均的意义上求得误差为最小的真实信号的估计值。1961年，卡尔曼将离散情况下的滤波器扩展为连续情况，发表论文《线性滤波与预测理论的新结果》(*New Results in Linear Filtering and Prediction Theory*)[81]，进一步完善了卡尔曼滤波理论。卡尔曼滤波是现代控制理论中应用极为广泛的滤波方法，在自动驾驶、地震数据处理、过程控制、天气预报、计量经济、健康监测、计算机视觉、电机控制、定位与导航等领域均发挥着重要作用。

图49　鲁道夫·卡尔曼

苏联于1958年启动载人航天计划，至1961年先后发射了5艘卫星式无人试验飞船，为载人航天积累了大量经验。1961年4月12日，苏联东方1号飞船载着航天员尤里·加加林（Yuri Gagarin，1934—1968，图50左上）进入太空，绕地球一周后返回地面，标志着人类宇航时代的正式开启。东方1号的主体部分由返回舱、夹紧支架、天线、喷射器舱口、气瓶、设备模组、弹射座椅、释放卡箍、末级火箭等组成（图 50 左下及右）。负责发射任务的东方 1 号运载火箭由稳定翼、助推器、第一级火箭和末级火箭组成，最顶端为东方 1 号载人太空舱。2021 年 4 月 12 日，国际航空联合会（The Fédération Aéronautique Internationale，FAI）举行加加林历史性太空之旅 60 周年纪念活动，并公示了此次飞行的三项太空纪录：飞行时间（108 分钟）、飞行最大高度（327 千米）、飞行最大高度下的最大举升质量（4 725 千克）[82]。

图 50　尤里·加加林（左上）；东方 1 号控制面板（左下）；东方 1 号载人太空舱（右）

1963 年，美国自动控制专家拉特飞·扎德（Lotfi Zadeh，1921—2017，图 51 左）与计算机科学家查尔斯·德索尔（Charles Desoer，1926—2010，图 51 右）合作出版开创性著作《线性系统理论：状态空间方法》（Linear System Theory: The State Space Approach）[83,84]，书中的状态空间逼近成为最优控制的标准工具，为现代系统分析和控制方法的重要理论基础。1965 年，扎德发表论文《模糊集》（Fuzzy Sets）[85]，提出用语言变量代替数值变量描述复杂系统行为，提供了处理不确定性问题的类人推理模式。扎德所开创的模糊集思想对多个学科领域和现实世界均有着重要的影响。

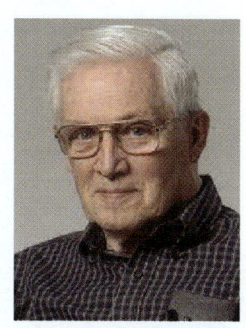

图 51　拉特飞·扎德（左）；查尔斯·德索尔（右）

1946—1960 年，英国电子工程师戴维·威廉森（David Williamson，1923—1992，图 52）为莫林斯公司（Molins Machine Company）改进卷烟机性能。通过研究，他发现改进加工制造流程是提高生产率的根本，这一理念即为能 24 小时不间断工作的自动化工厂的理论基础。威廉森因此给出了计算机控制机床方

图 52　戴维·威廉森

案：莫林斯系统 -24（Molins System-24）[86]。直到 1967 年，莫林斯系统 -24 在英国正式发布，被公认为是柔性制造系统（Flexible Manufacturing System，FMS）的起源[87]。该系统由排列成一条直线的数控机床组成。机床旁是具有双侧面板的计算机自动存储和检索单元（AS/RS），用于存储托盘化的工具和组件。安装在 AS/RS 与机器相邻一侧的在线移动输送系统

从 AS/RS 访问托盘，并用工具和组件装载或卸载机器。AS/RS 另一侧的类似系统为坐在 AS/RS 旁边长凳上的托盘装载或卸载工人提供服务。这种集成控制的思想实现了生产率的翻倍提高[88]。

美国于 1961 年 5 月开始组织实施载人登月工程，即阿波罗计划（Project Apollo 或 Apollo Program），至 1972 年 12 月结束，历时约 11 年，其间共发射 17 艘宇宙飞船，后 7 艘为载人登月飞行，其中 6 艘成功，共有 12 名宇航员登月。1969 年 7 月 20 日，阿波罗 11 号指挥长尼尔·阿姆斯特朗（Neil Armstrong，1930—2012，图 53 左 – 左）和登月舱"鹰号"（图 53 右）驾驶员巴兹·奥尔德林（Buzz Aldrin，1930 年至今，图 53 左 – 右）成为首次踏上月球的人类（奥尔德林比阿姆斯特朗晚登月 19 分钟）[89]。1969 年 7 月 24 日，阿波罗 11 号带着 3 名宇航员，安全降落在地球上。

在其他两名宇航员登月时，指挥舱"哥伦比亚号"驾驶员迈克尔·柯林斯（Michael Collins，1930—2021，图 53 左 – 中）负责驾驶飞船独自绕月飞行 30 圈，并为其他两名宇航员返回做准备。柯林斯从来没因为自己没有成为第一个登月的人而懊恼，相反，他觉得自己是这个使命的一部分。他在自传中写道："这次冒险是为三个人设计的，我认为我与其他两个人一样重要。"在指挥舱"哥伦比亚号"每次绕过月球背面时，柯林斯均会与地球失去无线电联系 48 分钟。在这 30 个 48 分钟里，他报告的感觉不是恐惧或孤独，而是"意志、期待、满足、自信、快乐"[90]。

除成功登月外，阿波罗计划还促进了与火箭和载人航天相关的许多技术领域的进步，包括航空电子设备、电信和计算机。

图 53　由左至右分别为指挥长尼尔·阿姆斯特朗、指挥舱"哥伦比亚号"驾驶员迈克尔·科林斯、登月舱驾驶员巴兹·奥尔德林（左）；阿波罗 11 号登月舱"鹰号"全貌（右）

1967 年，美国高等研究计划署（Advanced Research Projects Agency，ARPA）的电气工程师劳伦斯·罗伯茨（Lawrence Roberts，1937—2018，图 54）着手筹建"分布式网络"，提出阿帕网（Advanced Research Projects Agency Network，ARPAnet）构想。罗伯茨绘制了数以百计的网络连接设计图，以实现各节点上电脑的互相连接[91]。1969 年，互联网前身阿帕网在美国建成，最初由 4 个节点构成，随后迅速扩展为 1971 年的 23 台主机、1974 年的 62 台主机、1977 年的 111 台主机[92]，如图 55 上所示。图 55 下右和下左分别为当时普遍使用的路由器和系统操作界面。劳伦斯·罗伯茨被后人称为阿帕网之父。

图 54　劳伦斯·罗伯茨

阿帕网使用的网络控制协议（Network Control Protocol，NCP）仅能用于同构环境中（网络上的所有计算机都运行相同的操作系统），不能充分支持阿帕网。1973 年，工程师文顿·瑟夫（Vinton Cerf，1943 年至今，图 56 左）和罗伯特·卡恩（Robert

Kahn，1938年至今，图56右）开发出了用于异构网络环境的TCP协议和IP协议，可在各种硬件和操作系统上实现互操作[93]。这两个协议成为互联网核心通信协议的基础，使得互联网世界有了统一的"语言"。

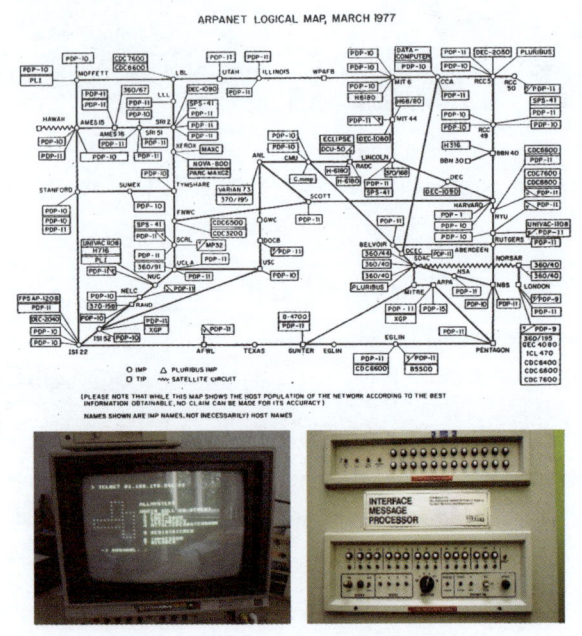

图55　阿帕网逻辑图（上，1977）；路由器（右下，1969）；操作界面（左下，1988）

图56　文顿·瑟夫（左）和罗伯特·卡恩（右）

1970 年，英国控制领域专家霍华德·罗森布罗克（Howard Rosenbrock，1920—2010，图 57 左）出版著作《状态空间和多变量理论》(State-space and Multivariable Theory)[94]，提出多变量频域控制设计方法。1974 年，加拿大控制理论专家沃尔特·温纳姆（Walter Wonham，1934 年至今，图 57 右）出版著作《线性多变量控制：一种几何方法》(Linear Multivariable Control: A Geometric Approach)[95]，提出线性时不变系统多变量几何控制理论。上述两篇著作解决了多输入多输出控制系统的分析与建模问题。

图 57 霍华德·罗森布罗克（左）；沃尔特·温纳姆（右）

1973 年，两位瑞典控制理论家卡尔·奥斯特朗姆（Karl Åström，1934 年至今，图 58 左）和比约恩·威顿马克（Björn Wittenmelrk，1940 年至今，图 58 右）联合发表《论自整定调节器》(On Self Tuning Regulators)[96]，全面给出实时参数估计、模型参考自适应系统、自校正调节器、随机自适应控制等自适应控制理论、设计及应用[97]，以他们名字命名的 Astrom-Wittenmark 自整定调节器，被广泛应用在工业过程控制中，在自适应控制领域占有一席之地[98,99]。

图 58 卡尔·奥斯特朗姆（左）；比约恩·威顿马克（右）

1974 年，美国科学家约瑟夫·哈林顿（Joseph Harrington，生卒及个人照片不详）在他的著作《计算机集成制造》（Computer Integrated Manufacturing）[100]一书中提出计算机集成制造（CIM）这一概念，其内涵是借助计算机将企业中各种与制造有关的技术系统集成起来，由计算机支持制造过程，强调在系统观点和信息观点下组织和管理企业生产。

1976 年，美国控制理论家罗杰·布罗克特（Roger Brockett，1938 年至今，图 59 左）发表论文《非线性系统与微分几何》（Nonlinear Systems and Differential Geometry）[101]，提出分析和求解非线性系统的微分几何法；1981 年，波兰裔加拿大控制理论家乔治·詹姆斯（George Zames，1934—1997，图 59 中）发表论文《反馈和最佳灵敏度控制》（Feedback and Optimal Sensitivity: Model Reference Transformations, Multiplicative Seminorms, and Approximate Inverses）[102]，提出最佳灵敏度鲁棒控制方法；1985 年，意大利控制理论家阿尔贝托·伊西多尔（Alberto Isidori，1942 年至今，图 59 右）出版《非线性控制系统导论》（Nonlinear control systems: an introduction）[103]，该书为非线性控制领域被引用最多的参考资料之一。

图 59 罗杰·布罗克特（左）；乔治·詹姆斯（中）；阿尔贝托·伊西多尔（右）

  1977 年 9 月 5 日 12 时 56 分，美国 NASA 成功发射太空探测器旅行者 1 号（Voyager 1），旨在探索太阳系外和太阳日球层以外的星际空间。旅行者 1 号由美国喷气推进实验室（Jet Propulsion Laboratory，JPL）建造，其姿态和关节控制子系统（Attitude and Articulation Control Subsystem，AACS）主要由三轴稳定陀螺仪、16 台联氨推进器、8 台备用推进器、若干仪器及其冗余单元等组成。此外旅行者 1 号还携带了用于研究行星等天体在太空中运行情况的 11 台其他科学仪器[104]及 1 张镀金视听光盘，光盘上刻录着不同文化和时代的声音、图片与视频（图 60 左）。

  2012 年 8 月 25 日，旅行者 1 号成为第一个穿越太阳圈并进入星际介质的宇宙飞船，因此也是第一个离开太阳系的人造飞行器[105-107]。截至 2023 年 2 月 15 日，旅行者 1 号已运行了 45 年 5 个月零 9 天，距离地球 159.37 天文单位（238.41 亿千米），它是有史以来距离地球最远的人造飞行器，目前仍然与 NASA 深空网络保持通信以接收常规命令，并将数据传输到地球。目前，旅行者 1 号沿双曲线轨道飞行，已达第三宇宙速度，意味着它的轨道再也不能引导航天器飞返太阳系，已然成为一艘星际航天器（图 60 右）。科学家们认为它将在 300 年后到达奥尔特云的内缘[108]。

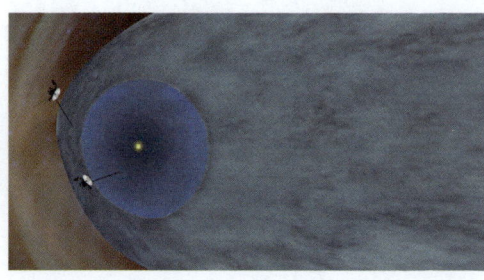

图 60　2012 年 8 月 25 日旅行者 1 号携带了来自不同文化和时代的音乐精选，意为用 55 种语言表达地球人的问候（左）[109]；旅行者 1 号进入星际空间，越过日顶，这是人造物体首次跨越星际空间的门槛（右）[110]

哥伦比亚号航天飞机（Orbiter Vehicle-102，简称 OV-102）是美国太空梭机队中第一架正式服役的航天飞机，也是第一架进入太空的轨道飞行器，用于在太空和地面之间往返运送宇航员和设备。1981 年 4 月 12 日，哥伦比亚号航天飞机首次发射成功（图 61 左），正式开启了 NASA 的太空运输系统计划（Space Transportation System program，STS）序章。哥伦比亚号的外形像一架大型三角翼飞机（图 61 中、右），安装了主发动机的哥伦比亚号质量达 178 000 磅（约 80 吨），是美国宇航局最重的飞行器。1981—2002 年，哥伦比亚号共进行了 28 次太空飞行任务，战绩显赫，包括太空实验室（Spacelab）的首次飞行、将 X 射线天文台（Chandra X-ray Observatory）送入太空等事件[111]，也包括最后一次的任务失败。它承载了经验和教训并重的航天科技历史，它更是人类探索太空、了解宇宙的一座丰碑。

图61 哥伦比亚号于1981年4月12日首次从肯尼迪航天中心升空（左）；1994年3月18日着落在肯尼迪机场的哥伦比亚号（中）；1980年底，哥伦比亚号从肯尼迪航天中心的车辆装配大楼的地板上吊起（右）[111]（图片来自NASA）

1997年7月4日，美国航天器火星探路者（Mars environmental survey Pathfinder，MESUR Pathfinder）将火星车旅居者（Sojourner，图62左上）带上火星并实现软着陆。图62右上为探路者和旅居者发射前状态，图62左下为软着陆后太阳能电池板打开时旅居者在探路者上的位置，图62右下为探路者拍到的著名的火星日落。

图62 火星上的旅居者（左上）；1996年10月探路者和旅居者被"折叠"到其发射位置（右上）；3个太阳能花瓣型电池板打开后旅居者在探路者上的位置（篮圈内）（左下）；探路者拍到的火星日落（右下）（图片来自NASA）

旅居者是第一辆在地月系统以外行星上航行的轮式车辆,它的六个轮子为穿越崎岖不平的火星表面提供了极大的稳定性和越障能力,质量10.6千克,长、宽、高分别为0.65米、0.48米和0.30米,折叠后高度仅为0.18米,最大行驶速度0.01米/秒,最高攀爬高度0.2米,主要由四面体形主体结构、3个太阳能花瓣形电池板(0.25平方米)、着陆器支撑装置、成像系统、各类传感器及用于维持通信的其他相关仪器设备组成。旅居者在火星上运行了83个火星日(相当于85个地球日),共行驶了大约100米,累计向地球发送了550张图片,分析了火星上16个位置点的化学性质,后因电池耗尽而失联。探路者累计向地球发送了16 500张图片,并对火星的大气压力、温度、风速等进行了850万次测量[112,113]。

中国载人航天的发展为控制史谱写华章。1992年9月,中国确定了载人航天"三步走"的发展战略(见本篇最后部分"中国航天30年简表")。第一步,发射载人飞船,建成初步配套的试验性载人飞船工程,开展空间应用实验;第二步,突破航天员出舱活动技术、空间飞行器交会对接技术,发射空间实验室,解决有一定规模的、短期有人照料的空间应用问题;第三步,建造空间站,解决有较大规模的、长期有人照料的空间应用问题[114]。

工程前期通过实施4次无人飞行任务,以及神舟五号、神舟六号载人飞行任务,突破和掌握了载人天地往返技术,使中国成为第三个具有独立开展载人航天活动能力的国家,实现了工程第一步的任务目标。

通过实施神舟七号飞行任务,以及天宫一号与神舟八号、神舟九号、神舟十号交会对接任务,突破和掌握了航天员出舱活动技术和空间交会对接技术,建成我国首个试验性空间实验室,标志着工程第二步第一阶段任务全面完成[114]。

2010年，载人空间站工程正式立项，分为空间实验室任务和空间站任务两个阶段实施。

空间实验室阶段的主要任务：突破和掌握货物运输、航天员中长期驻留、推进剂补加、地面长时间任务支持和保障等技术，开展空间科学实验与技术试验，为空间站建造和运营奠定基础、积累经验。通过实施长征七号首飞任务，以及天宫二号与神舟十一号、天舟一号交会对接等任务，工程第二步任务目标全部完成[114]。

空间站阶段的主要任务：建成和运营中国近地载人空间站，掌握近地空间长期载人飞行技术，具备长期开展近地空间有人参与科学实验、技术试验和综合开发利用太空资源能力。通过实施长征五号B运载火箭首飞，天和核心舱、问天实验舱、梦天实验舱，4艘载人飞船及4艘货运飞船共12次飞行任务，中国空间站于2022年底全面建成，工程随即转入应用与发展阶段，全面实现了载人航天工程"三步走"发展战略目标[114]。

2023年5月10日，中国成功发射空间站应用与发展阶段首发航天器——天舟六号，它也是中国改进型货运飞船首发船、组批生产的首发货运飞船。2023年5月30日，神舟十六号成功发射，为中国空间站进入应用于发展阶段的首次载人飞行任务，迈出了中国载人航天工程从建设向应用、从投入向产出转变的重要一步。2023年10月26日，神舟十七号载人飞船发射成功，此次飞行任务标志着中国人首次进入自己的空间站，实现了中国载人航天工程发射任务30战30捷。2024年1月17日，天舟七号货运飞船成功发射，本次任务是空间站应用与发展阶段的第4次发射任务，是工程立项实施以来的第31次发射任务，也是长征系列运载火箭的第507次飞行。2024年4月25日，神舟十八号发射成功，航天员两次出舱累计 15 小时，刷新中国航天员单次出舱活动时间记录。2024 年 10 月 30 日，神舟十九号发射成功，本次任务是空间站应用与发展阶段第 4 次载人飞行任务，也是工程立项实施以来的第 33 次发射任务和长征系列运载火箭的第 543 次飞行。2024 年 11 月 15 日，天舟八号发射成功，本次任务为中国载人航天工程第 34 次发射任务，也是首次执行人船先行货船后行模式，除为空间补给之外，还将 36 次空间科学实验项目上行至空间站[115]。

中国载人月球探测工程登月阶段任务已启动实施，总的目标：2030 年前实现中国人首次登陆月球，开展月球科学考察及相关技术试验，突破掌握载人地月往返、月面短期驻留、人机联合探测等关键技术，完成"登、巡、采、研、回"等多重任务，形成独立自主的载人月球探测能力，将推动载人航天技术由近地走向深空的跨越式发展，深化人类对月球和太阳系起源与演化的认识，为月球科学的发展贡献中国智慧[114]。

4 结语

本篇对控制理论发展的三个典型阶段进行了梳理，选取了每个阶段的典型科学事件、著作名篇、代表人物等，给出全面、翔实且图文并茂的控制理论发展简史，同时以百余篇参考文献的方式提供控制领域经典名作及可考有据网络资源。

谨以此献给所有投身控制类课程教学的同行、热爱控制类课程学习的学生和对控制理论发展简史感兴趣的朋友。

控制理论发展简史概略表

典型阶段	特点	代表性事件	主要工作原理与历史意义
早期控制1900年代前	机械化时代	水钟、漏壶、日晷等计时装置（前1500—前100）（中国汉代及古希腊）	水钟或漏壶通过控制水流速度恒定以计时，是具有反馈控制思想的计时器。日晷通过日影测得时刻
		都江堰（前256—前251，李冰）	多环节自适应控制系统，充满各种扰动因素、不确定性和时变性，体现了中国古代科学的整体观、统一观和持续观（千百年来不间断地维护和改造），集科学技术原理与工程哲学思想为一体，顺应自然、改造自然、利用自然，与维纳的控制论不谋而合
		滑框型一勾多综式提花织机（约前100）	世界上迄今发现的最早提花机实物，所有动作都可重复进行，体现了朴素的数控编程思想
		自动门（50—60，希罗）	以气压或物重为动力开关庙门，具有开环控制思想的装置
		漏水转浑天仪（117，张衡）	以水为动力，利用漏壶的等时性和齿轮传动使铜球均匀绕极轴旋转，模拟星体东升西落，是世界上有明确记载的第一台用水力发动的天文仪器
		指南车（235，马钧）	其核心为大平轮和小平轮的自动离合，被认为是人类历史上迈向控制论机器的第一步

控制理论发展简史

续表

典型阶段	特点	代表性事件	主要工作原理与历史意义
早期控制1900年代前	机械化时代	调速蒸汽机（1788，詹姆斯·瓦特）	将离心式飞球调速器用于蒸汽机，通过自动调节蒸汽量保证蒸汽机在不同的工作负荷时，保持一定的转速。开辟了人类利用能源的新时代，实现了机器大生产。调速蒸汽机作为动力被广泛使用成为第一次工业革命的标志
		"黄鹄"号（1865，徐寿）	中国人自行研制并建造成功的第一艘机动轮船，揭开了中国近代船舶工业发展的帷幕，更标志着中国机器生产的开始
		《论调速器》（1868，詹姆斯·麦克斯韦）	提出了反馈控制的思想，给出反馈控制系统稳定性的严格数学分析，是关于反馈思想的第一篇重要论文，在控制史乃至科技史均占有重要地位
		《已知运动状态的稳定性》（1877，爱德华·劳斯）	基于行列式对系统特征根进行分析从而判断系统的稳定性，即劳斯稳定判据
		《论运动稳定性的一般问题》（1892，亚历山大·李亚普诺夫）	给出运动稳定性一般理论的严格数学定义，被称为李亚普诺夫稳定性，是现代控制理论与非线性控制理论的重要数学基础
经典控制1900—1950年代	电气化时代	汽车流水装配生产线（1913，亨利·福特）	福特汽车建成世界上第一条汽车流水装配生产线，自动化技术助力实现了汽车的批量生产
		《自动转向机构的航向稳定性》（1921，尼古拉斯·米诺尔斯基）	首次用解析方法分析了PID稳定性问题，在控制领域内，该工作被认为与詹姆斯·麦克斯韦、爱德华·劳斯和阿道夫·赫尔维茨的研究具有同样重要的地位

续表

典型阶段	特点	代表性事件	主要工作原理与历史意义
经典控制 1900—1950 年代	电气化时代	人工伺服防空火炮控制器（1925—1940，老埃尔默·斯佩里）	火炮控制实现人工伺服
		负反馈放大器理论，《稳定的反馈放大器》（1927，1934，哈罗德·布莱克）	解决了电话自动转发装置的放大器失真问题。负反馈放大器与三极管并列为过去50年里电子和通信领域最重要的两项发明。没有布莱克的负反馈放大器，就没有今天的长距离电话和电视网络
		微分分析仪（1930，万尼瓦尔·布什）	第一台被广泛使用的模拟计算机，由电机驱动，利用齿轮转动的角度模拟计算，可求解微分方程组。在第二次世界大战中被用来计算炮弹弹道，这一行为推动了战后数字计算机的研究
		《再生理论》（1932，哈里·奈奎斯特）	为关于反馈放大器稳定性的经典论文，给出用于判断动态系统稳定性的奈奎斯特稳定性判据
		《伺服机构理论》（1934，哈罗德·哈森）	构建了可精确跟踪输入的机电伺服机构，使得雷达追踪系统具有了闭环控制功能，强化了巡航导弹的精准度，为伺服控制领域先驱性工作
		《论可计算数及其在判定性问题上的应用》（1937，艾伦·图灵）	图灵机为现代计算机的原型，其诞生为现代计算机逻辑工作方式奠定了基础。这篇论文更是被称为"史上最有影响力的数学论文"
		《继电器与开关电路的符号分析》（1937，克劳德·香农）	提出继电器逻辑自动化理论，这可能是本世纪最重要、最著名的硕士论文

续表

典型阶段	特点	代表性事件	主要工作原理与历史意义
经典控制 1900—1950年代	电气化时代	《网络分析与反馈放大器设计》（1938，亨德里克·伯德）	伯德图是一种快速且直观的系统设计和稳定性分析工具，在当时的背景下使频率特性的绘制工作更加适用于工程设计
		《伺服机构理论》（1947，麻省理工学院辐射实验室）	书中涉及自动雷达跟踪、武器火力控制计算机等伺服机构，为控制工程领域影响力和阅读量最大的书籍之一
		《控制系统的图形分析法》（1948，沃尔特·埃文斯）	提出根轨迹法——以单输入线性系统为对象的经典控制方法
		《控制论》（1948，诺伯特·维纳）	对近代科学影响深远，开创了全新的交叉与边缘学科——控制论。控制论的诞生是20世纪最伟大的科学成就之一，现代社会的许多新概念和新技术都与控制论有密切联系
		三轴数控铣床（1952，麻省理工学院伺服机构实验室）	第一台带有控制器的三轴铣床，标志着世界上第一台数控机床的诞生、第二次工业革命的开始以及精密加工时代的到来
		《工程控制论》（1954，钱学森）	自动控制领域的经典著作之一，该领域中引用率最高的文献之一，中国科学家钱学森更是因此而成为推动控制论科学思想的重要代表人物。该书把维纳的控制论推广到工程技术领域，创立了"工程控制论"这门新的技术科学，主要研究在工程设计和实验中能直接应用的关于受控工程系统的理论、概念及方法

续表

典型阶段	特点	代表性事件	主要工作原理与历史意义
现代控制1950年代至今	数字化时代	动态规划（1952—1954，理查德·贝尔曼）	著名的数学优化方法，即把复杂问题分解为子问题，通过组合子问题的解从而得到整个问题的解
		极大值原理（1956，列夫·庞特里亚金）	最一般情况下最优控制的必要和部分充分条件，为控制论学科的里程碑
		第一颗人造地球卫星 Sputnik I（1957，苏联）	内含2个雷达发射器、4条天线、多个气压和气温调节器，从此人类开启了航天时代
		工业机器人——尤尼梅特（1959，乔治·德沃尔、约瑟夫·恩格尔伯格）	液压执行机构驱动，由大臂、小臂、手腕、手等组成，重两吨，工作精确率可达0.254毫米，代表了现代机器人产业的基础
		卡尔曼滤波（1960—1961，鲁道夫·卡尔曼）	利用目标的动态信息，设法去掉噪声的影响，得到一个关于目标位置的最好的估计。在应用数学、工程、科学等领域都有着极其深远的影响，是现代控制理论中应用最广泛的滤波方法
		东方1号（1961，苏联）	成功地将人首次送入太空，飞行的最大高度是327 000、最大时速为28 260千米，标志着载人宇航时代的正式开启
		《模糊集》（1965，特飞·扎德）	用语言变量代替数值变量描述复杂系统以及处理不确定问题，该思想对多个学科领域和现实世界均有着重要的影响

控制理论发展简史

续表

典型阶段	特点	代表性事件	主要工作原理与历史意义
现代控制 1950 年代至今	数字化时代	莫林斯系统-24（1967，戴维·威廉森）	由数控机床、轨道运输车、工件托盘、刀具托盘运送系统及自动仓库组成，计算机分散控制上述设备实现无人昼夜 24 小时连续加工，被认为是柔性制造系统 FMS 的起源
		Apollo 11（1969，美国）	实现人类登月，使用钻探取得了月芯标本，拍摄了照片，采集了月表岩石标本
		阿帕网（1969，美国）	由美国西海岸的 4 个节点构成，是互联网鼻祖、世界上第一个运营的封包交换网络
		《状态矢量空间与多变量理论》（1970，霍华德·罗森布罗克）《线性多变量控制：一种几何方法》（1974，沃尔特·温纳姆）	解决了多输入多输出控制系统的分析与建模问题
		《论自整定调节器》（1973，卡尔·奥斯特朗姆、比约恩·威顿马克）	被广泛应用在工业过程控制中，在自适应控制领域占有一席之地
		《计算机集成制造》（1974，约瑟夫·哈林顿）	借助计算机将企业中各种与制造有关的技术系统集成起来，特别强调系统化和信息化
		《非线性系统与微分几何》（1976，罗杰·布罗克特）	分析和求解非线性系统的微分几何法

续表

典型阶段	特点	代表性事件	主要工作原理与历史意义
现代控制1950年代至今	数字化时代	《反馈和最佳灵敏度控制》（1981，乔治·詹姆斯）	最佳灵敏度鲁棒控制方法
		《非线性控制系统导论》（1985，阿尔贝托·伊西多尔）	非线性控制领域被引用最多的参考资料之一
		太空探测器旅行者1号（1977，美国）	第一个离开太阳系的人造飞行器，有史以来距离地球最远的人造飞行器，旨在研究太阳系外和太阳日球层以外的星际空间
		哥伦比亚号航天飞机（1981，美国）	它承载了经验和教训并重的航天科技历史，共进行了28次太空飞行任务，是人类探索太空、了解宇宙的一座丰碑
		火星探路者、火星车旅居者（1997，美国）	火星软着陆、第一辆在地月系统以外行星上航行的轮式车辆
		中国载人航天计划（1992年至今）	见"中国航天30年简表"
现在—未来	智能化时代		未来已来

中国航天 30 年简表

三步走	概述	名称	事件
第一步	发射载人飞船，建成试验性载人飞船工程，开展空间应用实验	神舟一号—神舟四号	无人飞行
		神舟五号—神舟六号	载人飞行
		神舟二号	中国科学家首次在自己的飞船上进行空间应用研究
第二步	突破航天员出舱活动技术、空间飞行器交会对接技术 发射空间实验室 解决有一定规模的、短期有人照料的空间应用问题	神舟七号	突破和掌握了航天员出舱活动技术
		天宫一号	中国第一个空间实验室、与神舟八号—神舟十号交会对接
		天舟一号	中国第一艘货运飞船
		天宫二号	中国第一个真正意义上的太空实验室（航天员中期驻留、太空补加）与神舟十一号、天舟一号交会对接
第三步	建造空间站，解决有较大规模的、长期有人照料的空间应用问题	神舟十二号	空间站阶段首次载人飞行任务
		神舟十三号	航天员长期驻留保障
		神舟十四号	中国空间站进入建造阶段的首发载人飞船
		神舟十五号	是空间站在轨建造阶段收官之战，空间站关键技术验证和建造阶段规划的 12 次发射任务全部圆满完成

续表

三步走	概述	名称	事件
2023年5月—2024年11月	空间站应用与发展阶段	天舟六号	空间站应用与发展阶段发射的首发航天器；我国改进型货运飞船首发船；组批生产的首发货运飞船
		神舟十六号	中国空间站进入应用于发展阶段的首次载人飞行任务，迈出了载人航天工程从建设向应用、从投入向产出转变的重要一步
		神舟十七号	首次完成在轨航天器舱外设施维修任务，为空间站长期稳定在轨运行积累了宝贵的数据和经验
		天舟七号	空间站应用与发展阶段发射的第4次发射任务，是工程立项实施以来的第31次发射任务，也是长征系列运载火箭的第507次飞行
		神舟十八号	航天员两次出舱累计15小时，刷新中国航天员单次出舱活动时间记录
		神舟十九号	工程立项实施以来的第33次发射任务，也是长征系列运载火箭的第543次飞行
		天舟八号	首次执行人船先行货船后行模式，除为空间补给之外，还将36次空间科学实验项目上行至空间站

参考文献

[1] Der Trick dahinter. *Automaten, die mit Wasserdampf und raffinierter Mechanik arbeiteten.* 2009 年 9 月 4 日，https://www.spiegel.de/fotostrecke/antike-automaten-aeolsball-orgel-und-wasseruhr-fotostrecke-41428.html（原文为德文）

[2] 都江堰获颁水利工程遗产奖 [J]. 工程质量, 2013, 31（10）: 33.

[3] 中国古代惊艳世界的水利工程/全球最著名的水利工程：中国这个第一无可争议，搜狐网，2017 年 10 月 13 日，https://www.sohu.com/a/197782632_698856

[4] Deniz DEMİRARSLAN. *GEÇMİŞTEN GELECEĞE DOĞRU BİR GEÇİŞ: KAPILAR*（从过去到未来：门的演变史）[J], Journal of Social and Humanities Sciences Research（JSHSR），2020,Vol7（53），1219-1243.（原文为土耳其语）

[5] 王玉民. "浑天仪"考 [J]. 中国科技术语, 2015, 17（3）: 39-42.

[6] 张柏春，张久春. 水运仪象台复原之路：一项技术发明的辨识 [J]. 自然辩证法通讯, 2019（4）: 43-51.

[7] 邓学忠，姚明万. 中国古代指南车和记里鼓车 [J]. 中国计量, 2009（08）: 54-56, 60.

[8] 邓学忠，姚明万. 中国古代指南车和记里鼓车（续）[J]. 中国计量, 2009（9）: 54-56.

[9] https://en.wikipedia.org/wiki/Matthew_Boulton

[10] Florian Ion Tiberiu Petrescu. *Contributions to the Stirling Engine Study*[J], American Journal of Engineering and Applied Sciences, 2018, 11（4）: 1258-1292.

[11] 黄一. 走马观花看控制发展简史. 系统与控制纵横 [J]. 2021（1）: 19-43.

[12] 蔡臻. 清朝著名科学家：徐寿, 2022年10月, 上海档案信息网：https://www.archives.sh.cn/datd/hsrw/202210/t20221014_67815.html

[13] 何国卫. 比西方早一千年的中国车轮舟[J]. 中国船检, 2018(12): 107–111.

[14] 徐泓. 徐寿与中国造船[J]. 航海, 2011 (3): 41.

[15] 袁野. 徐寿：中国近代科技第一人[J]. 同舟共进, 2022 (1): 34–37.

[16] Stuart Bennett. *A History of control engineering, 1800–1930*[M]. Peter peregrinus Ltd., London: 1986, 98–99.

[17] James Clerk Maxwell. *On governors*[J], Proceedings of the Royal Society of London: 1868 (16): 270–283.

[18] Kang, Chul-Goo. *Origin of Stability Analysis:"On Governors" by J.C. Maxwell [Historical Perspectives]* [J]. IEEE Control Systems Magazine, 2016, 36 (5): 77–88.

[19] Ivan Vyshnegradsky. *Sur la theorie generale des regulateurs*（*On the general theory of control*）[J], Comptes Rendus de l'Acad é mie des Sciences de Paris, 1876 (83): 318–320.

[20] 陈关荣. 麦克斯韦与控制论及系统稳定性[J]. 系统与控制纵横, 2019 (1): 30–34.

[21] Stuart Bennett. A brief history of automatic control. IEEE Control Systems, 1996, 16 (3): 17–25.

[22] Edward Routh. *A Treatise on the Stability of a Given State of Motion*，Particularly Steady Motion [M]. Adams Prize Essay, University of Cambridge, England: 1877.

[23] Adolf Hurwitz. *Ueber die Bedingungen, unter welchen eine Gleichung nur Wurzeln mit negativen reellen Theilen besitzt* [J]. Mathematische Annalen, 1895, 46（2）: 273–284.

[24] Alexander Lyapunov. *A general task about the stability of motion* [D]. Kharkov Mathematical Society, University of Kharkov, Russian, 1892.

[25] 黄琳, 于年才, 王龙. 李亚普诺夫方法的发展与历史性成就——纪念李亚普诺夫的博士论文"运动稳定性的一般问题"发表一百周年 [J]. 自动化学报, 1993, 19（5）: 587–595.

[26] 王丽萍. 流水线: 世界经济助推器 [J]. 理财: 市场版, 2009（10）: 41–42.

[27] History.com Editors, *Ford's assembly line starts rolling*, HISTORY, A&E Television Networks, 2009, https://www.history.com/this-day-in-history/fords-assembly-line-starts-rolling

[28] The staff at The Henry Ford. Henry Ford: Assembly Line, 2013, https://www.thehenryford.org/collections-and-research/digital-collections/expert-sets/7139/

[29] Nicholas Minorsky. *Directional Stability of Automatically Steered Bodies* [J]. Naval Engineers Journal, 2010, 34（2）: 280–309.

[30] David A. Mindell. *Anti-Aircraft Fire Control and the Development of Integrated Systems at Sperry, 1925–1940* [J], Control Systems Magazine, IEEE, 1995, 108–113.

[31] Harold Black. *Inventing the negative feedback amplifier* [J]. IEEE Spectrum, 1977, 14（12）: 55–60.

[32] Massimo Guarnieri. Negative Feedback, Amplifiers, Governors, and More [Historical][J]. IEEE Industrial Electronics Magazine, 2017, Vol.11: 50–52.

[33] Ronald Kline. *Harold Black and the negative-feedback amplifier*[J]. IEEE Control Systems Magazine, 1993, Vol.13（4）: 82–85.

[34] Harold Black. *Stabilized Feedback Amplifiers*[J]. Bell System Technical Journal, 1934, 13（1）: 1–18.

[35] Clesson Mason（1934）. *Control Mechanism*, US Patent 1,950,989, filed Aug. 14, 1928.

[36] Webster Frymoyer（1931）. *Control Mechanism*, US Patent 1,799,131, filed Aug. 14,1928.

[37] Mason, C. E.（1933）. *Control Mechanism*, US Patent 1,897,135, filed Sept. 15, 1930

[38] Stuart Bennett. *The Past of PID Controllers*, IFAC Proceedings Volumes[C], 2000, Vol.33（4）: 1–11.

[39] Vannevar Bush. *The differential analyzer. A new machine for solving differential equations*[J]. Journal of the Franklin Institute, 1931, 212（4）: 447–488.

[40] Harry Nyquist. *Regeneration Theory* [J]. Bell System Technical Journal, 1932, 11（1）: 126–147.

[41] Harold Hazen. *Theory of Servo-mechanisms*[J]. Journal of the Franklin Institute, 1934, 218: 279–331.

[42] Hubert James, Nathaniel Nichols, Ralph Phillips. *Theory of Servo-mechanisms*[M]. McGraw-Hill Book Company, INC., 1947.

[43] Alan Turing. *On computable numbers, with an application to the Entscheidungsproblem*[J]. Proceedings of the London Mathematical Society, 1937, s2–42: 230–265.

[44] Alan Turing. *On Computable Numbers, with an Application to the Entscheidungsproblem*[J]. A Correction. Proceedings of the London Mathematical Society, 1938, s2–43: 544–546.

[45] Avi Wigderson. *Mathematics and Computation, A Theory Revolutionizing Technology and Science*[M]. Princeton University Press, 2019.

[46] Claude Shannon. *A Symbolic Analysis of Relay and Switching Circuits*[D]. 1937, MIT.

[47] Claude Shannon. *A Symbolic Analysis of Relay and Switching Circuits*[J]. Transactions of the American Institute of Electrical Engineers, 1938, Vol.57（12）: 471–495.

[48] Howard Gardner. *The Mind's New Science: A History of the Cognitive Revolution*. Basic Books,1987. p.144.

[49] Claude Shannon. *A Mathematical Theory of Communication*[J]. The Bell System Technical Journal. 1948, Vol. 27（3）: 379–423.

[50] Claude Shannon. *A Mathematical Theory of Communication*[J]. The Bell System Technical Journal. 1948, Vol. 27（4）: 623–656.

[51] Claude Shannon. *The Mathematical Theory of Communication*[M]. University of Illinois Press. 1949.

[52] Hendrik Bode. *Network analysis and feedback amplifier design*[M]. D.VAN Nostrand Company, INC., 1945.

[53] Walter Evans. *Graphical Analysis of Control Systems*[J]. Transactions of the American Institute of Electrical Engineers, 1948, 67（1）: 547–551.

[54] Norbert Wiener. Cybernetics. MIT Press, 1948.

[55] Francis Reintjes. *Numerical Control: Making a New Technology*[M], Oxford University Press, 1991.

[56] Karl Wildes. *A Century of Electrical Engineering and Computer Science at MIT, 1882–1982*. MIT Press, 1985. Chapter 14.

[57] William Pease. *An automatic machine tool*[J]. Scientific American, 1952, 187（3）: 101-115.

[58] Douglas Ross. *Origins of the APT language for automatically programmed tools*[J]. ACM SIGPLAN Notices, 1978, 13（8）: 61-99.

[59] Tsien, H.S. *Engineering Cybernetics*[M], McGraw Hill, 1954.

[60] 钱学森.《工程控制论》[M]. 科学出版社, 1958.

[61] 宋健. 工程控制论 [J]. 系统工程理论与实践, 1985（02）: 1-4.

[62] 戴汝为. 从工程控制论到综合集成研讨厅体系——纪念钱学森先生归国 50 周年 [J]. 自然杂志, 2005（06）: 366-370.

[63] 钱学森. 工程控制论 [J]. 科学大众, 1957（05）: 219-221.

[64] Gao, Z. *Engineering cybernetics: 60 years in the making*[J]. Control Theory Technology. 12, 97-109（2014）.

[65] Richard Bellman. *The theory of dynamic programming*[J]. Proceedings of the national Academy of Sciences, 1952, 38（8）: 716-719.

[66] Richard Bellman. *The theory of dynamic programming*[J]. Bulletin of the American Mathematical Society, 1954, 60（6）: 503-515.

[67] Lev Pontryagin, Vladimir Boltyanskii, Revaz Gamkrelidze, and Evgenii Mishchenko. *The mathematical theory of optimal processes*. Interscience Publishers, John Wiley & Sons Inc., New York - London, 1962.

[68] 宋华. 瞽神庞特里亚金 [J], 系统与控制纵横, 2015（01）: 5-10.

[69] 主编随笔. 航天时代的来临——记苏联第一颗人造地球卫星发射 50 周年 [J]. 哈尔滨工业大学学报（社会科学版）, 2007, No.40（05）: 161.

[70] 陆绶观. 中国科学院与中国第一颗人造地球卫星 [J]. 中国科学院院刊, 1999（06）: 433-440.

[71] 齐真. 世界第一颗人造地球卫星成功发射60周年[J]. 国际太空，2017（09）：40–41.

[72] 李颐黎. "上得去，转起来"——回顾长征一号运载火箭研制的一些往事[J]. 太空探索，2010（10）：52–55.

[73] George Devol, Programmable Article Transfer[P], US Patent 2988237, June 13, 1961. UD Patent Office, Washington, DC.

[74] Paul Mickle. *A peep into the automated future*[J]. The capital century 1900–1999. http://www.capitalcentury.com/1961.html, 1961.

[75] Wallén, Johanna. *The history of the industrial robot*. Linköping University Electronic Press, 2008.

[76] Alessandro Gasparetto, Lorenzo Scalera. *A brief history of industrial robotics in the 20th century*[J]. Advances in Historical Studies 8.1 (2019)：24–35.

[77] https://spectrum.ieee.org/unimation-robot

[78] https://spectrum.ieee.org/george-devol-a-life-devoted-to-invention-and-robots

[79] Rudolf Kalman. *On the general theory of control systems*[C], Proceedings First International Conference on Automatic Control, Moscow, USSR. 1960: 481–492.

[80] Rudolf Kalman. *A new approach to linear filtering and prediction problems*[J]. Transactions of the ASME–Journal of Basic Engineering, 1960, 82（Series D）：35–45.

[81] Rudolf Kalman, Bucy Richard. *New results in linear filtering and prediction theory*[J]. Transactions of the ASME–Journal of Basic Engineering, 1961, 83: 95–108.

[82] 'Let's go!' –FAI celebrates 60th Anniversary of Gagarin's space flight. Fédération Aéronautique Internationale. March 22, 2021. Retrieved July 18, 2022.

[83] Lotfi Zadeh, Charles Desoer. *Linear system theory: the state space approach*. Courier Dover Publications, 2008.

[84] Lotfi Zadeh, Charles Desoer. *Linear system theory: the state space approach*. Proceedings of the IEEE, 1964, 1282–1283.

[85] Lotfi Zadeh. *Fuzzy sets*. Information and control 8.3（1965）: 338–353.

[86] David Williamson. AUTOMATED MACHINE INSTALLATION AND METHOD[P], US Patent 4621410, Nov. 13, 1986. UD Patent Office, Washington, DC.

[87] Katsundo Hitomi. *Automation — its concept and a short history*[J], Technovation, 1994, Vol. 14（2）: 121–128.

[88] Hannam RG. *Alternatives in the Design of Flexible Manufacturing Systems for Prismatic Parts*. Proceedings of the Institution of Mechanical Engineers, Part B: Management and engineering manufacture. 1985, 199（2）: 111–119.

[89] *Apollo Program Summary Report*, Apollo Lunar Surface Journal, NASA Johnson Report JSC–09423, April 1975.

[90] Michael Collins. *Carrying the Fire: An Astronaut´s Journeys*. 1974, New York: Cooper Square Press.

[91] Lawrence Roberts. *Multiple computer networks and intercomputer communication*[C], Proceedings of the first ACM symposium on Operating System Principles. 1967: 3.1–3.6.

[92] Lawrence Roberts. *The evolution of packet switching*[J]. Proceedings of the IEEE, 1978, 66（11）: 1307–1313.

[93] Vinton Cerf, Robert Kahn. *A protocol for packet network intercommunication* [J]. IEEE Transactions on communications, 1974, 22（5）：637-648.

[94] Howard Rosenbrock. *State-space and multivariable theory*[M]. Nelson-Wiley, London, 1970.

[95] Walter Wonham. *Linear Multivariable Control: A Geometric Approach* [M]. Springer, New York, 1974.

[96] Karl Åström, Björn Wittenmelrk. *On Self Tuning Regulators*[J]. Automatica, Vol. 9: 185-199. Pergamon Press, 1973. Printed in Great Britain.

[97] Karl Åström, Björn Wittenmelrk. *Adaptive control*[M]. Courier Corporation, 2013.

[98] Thomas Harris, *Theory and Application of Self-Tuning Regulators*[D], Mcmaster University, Canada, 1977.

[99] Karl Åström, , Borisson U, Ljung L, Björn Wittenmelrk. *Theory and applications of self-tuning regulators*[J]. Automatica, 1977, 13（5）：457-476.

[100] Joseph Harrington. *Computer Integrated Manufacturing*[M]. New York: Springer Publishing, 1973.

[101] Roger Brockett. *Nonlinear systems and differential geometry*[J]. Proceedings of the IEEE, 1976, 64（1）：61-72.

[102] George Zames. *Feedback and optimal sensitivity: Model reference transformations, multiplicative seminorms, and approximate inverses*[J]. IEEE Transactions on automatic control, 1981, 26（2）：301-320.

[103] Alberto Isidori. *Nonlinear control systems: an introduction*[M]. Berlin, Heidelberg: Springer Berlin Heidelberg, 1985.

[104] https://voyager.jpl.nasa.gov/mission/spacecraft/

[105] Barnes, Brooks. *In a Breathtaking First, NASA Craft Exits the Solar System*. New York Times. Retrieved, September 12, 2013.

[106] Ron Cowen. *Voyager 1 has reached interstellar space*. Nature, 2013, 9: 1-2.

[107] D. A. GURNETT, W. S KURTH, L. F. BURLAGA, AND N. F. NESS. *In Situ Observations of Interstellar Plasma with Voyager 1*, SCIENCE, 2013, Vol.341（6153）: 1489-1492.

[108] Jia-Rui Cook. *How Do We Know When Voyager Reaches Interstellar Space?* NASA / Jet Propulsion Lab. Retrieved September 15, 2013.

[109] https://voyager.jpl.nasa.gov/golden-record/golden-record-cover/

[110] https://voyager.jpl.nasa.gov/news/details.php?article_id=32

[111] https://www.nasa.gov/centers/kennedy/shuttleoperations/orbiters/columbia_info.html

[112] https://mars.nasa.gov/internal_resources/815/

[113] https://mars.nasa.gov/MPF/ops/sol86.html

[114] http://www.cmse.gov.cn/gygc/gcjj/

[115] http://www.cmse.gov.cn/fxrw/

02

第二篇

化腐朽为神奇
驭洪水润万田

从李冰治水到都江堰
工程的控制思想

开始着手写都江堰的那天，想起余秋雨先生。高声吟诵一句余先生的"拜水都江堰，问道青城山"，顿时感觉喉咙干干的，仿佛随行在那文化苦旅之中。

神游片刻，眼前的电脑把我拽了回来：我要写的是都江堰的引水、泄洪、排沙，是开环、闭环和自适应！

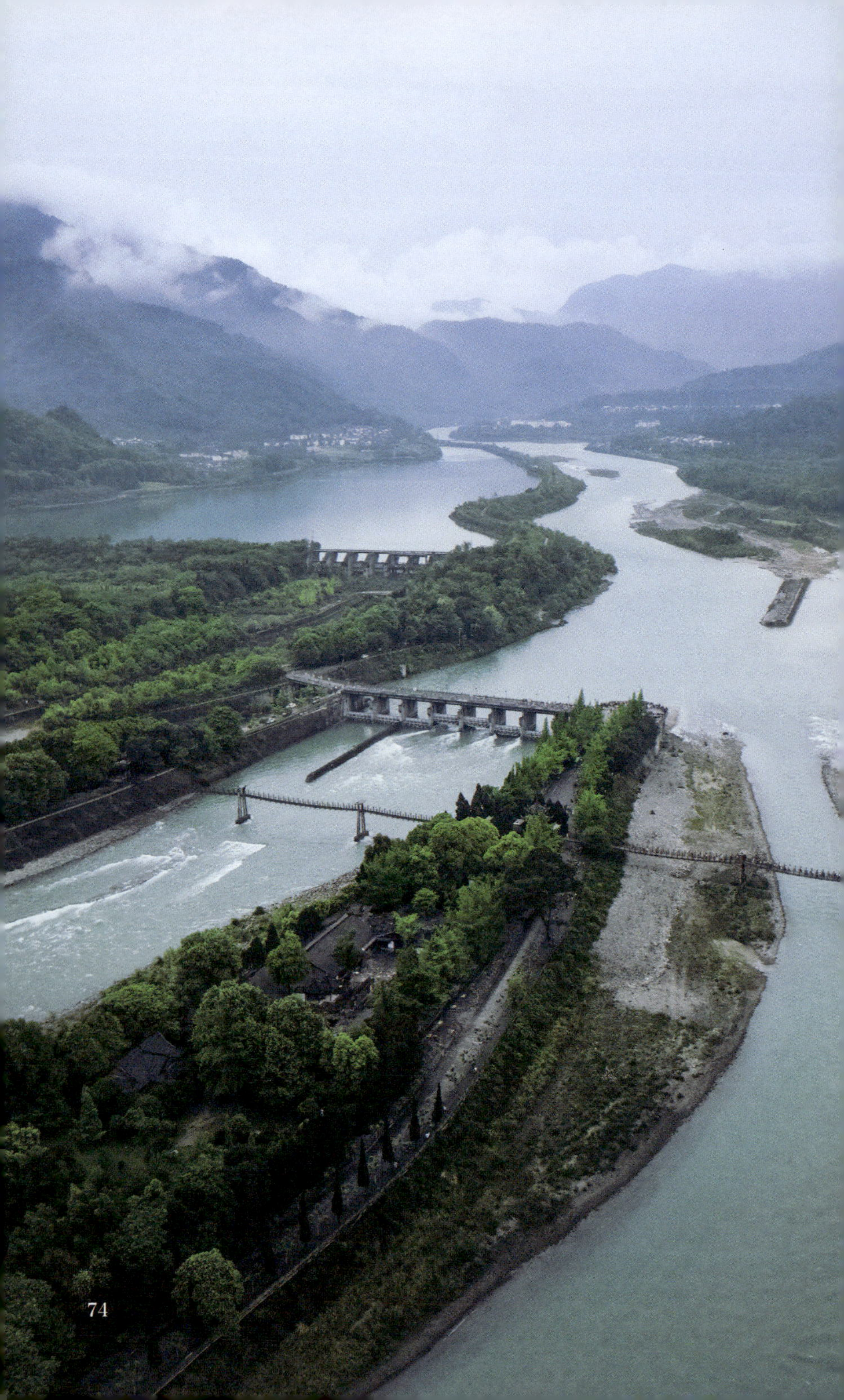

1 李冰治水

在对有关都江堰文献的整理和归纳过程中，发现同一历史事件的时间多有出入，甚至连李冰的生卒年都是不详的。基于本篇并非历史篇，姑且省去有争议或难以考证的时间点，从工程的角度出发讲述都江堰的故事。

时间回到战国诸雄争霸时期，秦拟攻蜀，然后利用蜀居长江上游的优势，顺江而下，吞并当时唯一能与之相抗衡的楚。"得蜀则得楚，楚亡则天下并矣"（出自《华阳国志·蜀志》），大概就是这个意思。

于是，秦灭蜀后，由蜀南下攻楚。但攻得极其不顺，主要原因在于军需物资位于蜀地中心区域（今成都），与前线距离遥远，换句话说，运送军需物资的沿程损失过大。

但秦必灭楚，一统天下。那么就需要打造一条军需物质补给线，岷江成为首选，"岷江军需物资补给线"势在必建，这才有了后文的都江堰。这么看，构建都江堰的初衷是实现秦王一统天下的军事战略目标[116-119]。

约前256年，秦王任命李冰为蜀郡守。临行前，秦王为李冰践行，除了给他描绘未来蓝图外，还嘱咐他一定要把蜀地建成战略基地，重点要解决军需物资运送问题。就这样，李冰被秦王"忽悠"着入了蜀。李冰新官上任，第一件事就是修建"岷江军需物资补给线"，这补给线的起点就是都江堰。

大部分文献都认为李冰修建都江堰的时间约在前256—前251（战国秦昭王时期），据此而定，在约前256年，李冰开始进行实地考察。李冰的官衔为郡守，类似于地方行政长官。除了兑现对秦王的承诺，他也要为辖区百姓谋幸福。在考察的过程中，李冰发现了岷江对百姓生活甚至生命的巨大影响：①蜀地四周高山，中间盆地；②岷江从西边的岷山上流下来，因地势差巨大形成所谓的"悬江"（340 千米主河道，落差 3 009 米[118]），湍急的水直冲到灌县（今都江堰市），因地势突变平缓，泥沙大量沉积，河床增高，洪水泛滥成灾；③岷江与盆地之间有座玉垒山，江水过不去，常年旱灾。

因此，李冰决定在修建"岷江军需物资补给线"的同时，更要治水。于是，基于上述考察结果，李冰给出初步建设方案：①凿通玉垒山，引水分洪；②在江中筑坝分流，形成内外江，外江泄洪，内江灌溉农田；③同时将内江建造为"岷江军需物资补给线"。

该建设方案对上可履职，对下得民心！

自此，有关建造都江堰的背景交代完毕。为何用了不小的篇幅交代背景呢？因为该背景对理解都江堰的工程内涵是非常有必要的。不明就里，则不明所以。

既然方案可行，那就撸起袖子加油干！

李冰将都江堰主址——渠首选在灌县（今都江堰市）以西的岷江干流上。首先采用人工凿岩的方法对玉垒山动工，硬生生把玉垒山劈开。从玉垒山主体上脱离的那部分被称为离堆。玉垒山被打通后，江水被离堆分流，其中的一部分向东灌溉成都平原。离堆与玉垒山主体之间的流道口形似瓶口，且为整个工程的取水口，故名宝瓶口。

玉垒山的存在导致成都平原的地势东高西低，在枯水期，江水难以向东流，成都平原无法得到灌溉。要是能在离堆之前，也就是岷江初入的位置有个蓄水池该有多好！于是，李冰在离堆上游方向修筑了几百米长的金刚堤，其与岷江初次相遇的地方形似鱼嘴，并因此得名。奔腾而下的岷江在此被一分为二，即外江（金刚堤西侧）和内江（金刚堤东侧与玉垒山岩壁之间）。内江肩负着灌溉平原的重任，参看图63，在枯水期对内江进行人工挖掘清淤，挖到比外江低，此为"深淘滩"，使得枯水期时仍旧有大量的江水进入宝瓶口，进而实现旱季灌溉。这样一来，内江就起到了蓄水池的作用。同时，外江远比内江宽，因此在丰水期，外江又可以起到很好的泄洪作用。

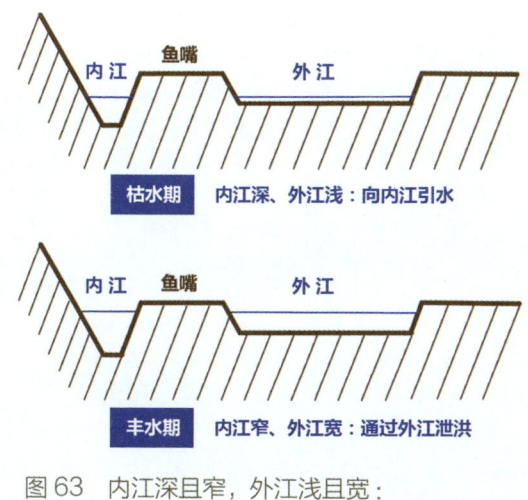

图63 内江深且窄，外江浅且宽：
枯水期向内江引水，丰水期由外江泄洪

在有关都江堰的早期史料记载中并未见飞沙堰[120]，有文献指出李冰时期并未建造飞沙堰，这也与众多文献指明都江堰工程并非一日之功、人们世代对其进行再建设和维护这一记载相吻合[121-123]。在鱼嘴和宝瓶口投入使用后，泥沙淤堵和清淤耗时等问题一直被关注，历史上有名的都江堰十二治水功臣[124]均对此进行过持续性建设。一直到唐朝初年，飞沙堰建成[125]，终于有效解决了泥沙淤堵问题。

在丰水期，岷江仍旧可能给内江乃至成都平原造成水量过大的问题，此时就是飞沙堰发挥作用的时候（图64）：由于宝瓶口很狭窄，内江水位迅速上升，高出的江水很快就会越过飞沙堰回到外江，起到泄洪作用。同时，上游内江东岸呈S形，洪水会直接撞到玉垒山岩壁上，使得江水形成弯道环流，下层的泥沙被翻上来越过飞沙堰，进入外江，解决内江泥沙淤积问题，飞沙堰即由此得名[126]。所以，为保证清淤效果，就需要"低作堰"，否则内江泥沙很难翻到外江。

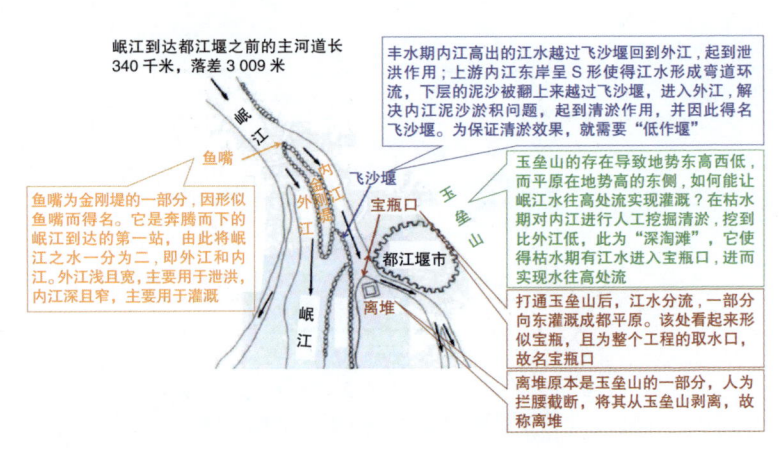

图 64　都江堰工程原理说明（此图黑白母版出自文献118，该黑白图也见于很多文献，除个别细节差异外，几乎一样）

世界水利学界公认，由于存在清除泥沙和防御洪水这两大技术难题，一般水利工程的寿命只有几十年。从前256年计起，都江堰水利工程至2024年已有2 280年的历史，可以这么说，都江堰能如此延年益寿，飞沙堰功不可没。

上述"深淘滩，低作堰""弯道环流"等思想在水利工作者眼里就是水沙动力学原理[118]，本篇不做叙述。本篇关注的是：从宝瓶口、鱼嘴、飞沙堰等完美的个体，到由完美个体构成的渠首的协调统一,再到渠首与所处地理环境的浑然一体,最终造就了变悬江水患为膏润万顷的水利工程。

在都江堰建成前,有诗云:江水初荡潏,蜀人几为鱼(岑参·石犀)。意思就是江水一翻腾,蜀人几乎都变成了鱼。都江堰建成后,成都平原处处皆为人间乐土,沟渠纵横,阡陌交错,地无旷土。杜甫的名句"窗含西岭千秋雪,门泊东吴万里船"描述的场景就是流经成都的河流水系发达、河面宽阔、流速平稳,拥有足够且安全的通航能力[127]。

2 都江堰工程的控制思想

下面进入本篇的重点，即都江堰工程的控制思想。在前述有关背景的详细说明下，仅用较少的文字和一张图即可对都江堰控制系统的原理进行清晰阐述。

如图 65 所示，用于灌溉、泄洪、航运的理想流量为该系统的输入，它们的实际流量为输出，落差 3 009 米、丰水期、枯水期、东高西低的地势等为干扰因素。

鱼嘴和金刚堤将岷江分为内、外江，若该系统仅有鱼嘴和金刚堤，则为开环控制。为保证内江的深度，需对其定期进行的"深淘滩"，这部分类似于人工伺服。

引入离堆、宝瓶口以及飞沙堰后，构成局部内反馈系统（图 65 中下方加法点）。当内江水位超过飞沙堰时，内江向外江泄洪（图 65 中上方加法点）；当内江水位低于飞沙堰时，不发生泄洪，即飞沙堰对内江流量进行了反馈控制。

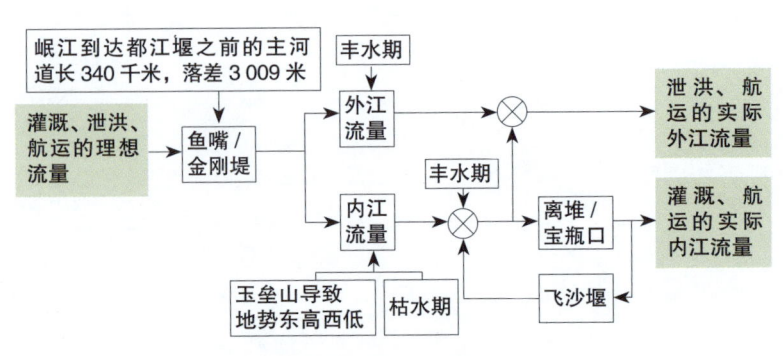

图 65 都江堰控制系统框图

以上即都江堰控制系统的基本原理，由鱼嘴/金刚堤、宝瓶口/离堆和飞沙堰组成的都江堰是多环节自适应控制系统，且充满各种变动因素、不确定性和时变性，其被控量为灌溉、泄洪、航运的实际流量，枯水期不能少，丰水期不能多，既不能干旱，也不能洪涝，化腐朽为神奇。该控制系统体现了我国古代科学的整体观、统一观和持续观（千百年来不间断地维护和改造），集科学技术原理与工程哲学思想为一体，顺应自然、改造自然、利用自然，与维纳的控制论不谋而合。

3 江湖地位

中国历史上的治水案例除了李冰的都江堰，还有堪称中国历史开篇第一页的大禹治水、开明时代的古蜀国国王杜宇治水和开明帝鳖灵治水，而都江堰以其不可撼动的地位稳居治水榜榜首。都江堰水利工程是我国水利史、科技史上的一座丰碑，也是人类文明史上的一大奇迹，是目前世界上唯一存留的以无坝引水为特征的古代水利工程[128]，都江堰市也是全球为数不多的集世界文化遗产、世界自然遗产、世界灌溉工程遗产为一体的三遗之城[129,130]。世界遗产委员会赞誉都江堰为"全世界迄今为止，年代最久、唯一留存、以无坝引水为特征的宏大水利工程"[125]。在 2013 年的第 35 届国际水利学大会上，都江堰水利工程获颁水利工程遗产奖，这是大会首次颁发此奖项[131]。

目前都江堰灌区已成为横跨岷、沱、涪三江流域，灌溉面积达到 1 089 万亩，造福四川省 7 市 37 县市、区的特大型灌区[125]。都江堰已发展为具有农业灌溉、供水、防洪、发电、养殖、旅游及传承历史文化等多重综合服务功能的特大型水利工程，对四川省的经济社会发展具有重要作用[118,129]。四川人爱用"安逸"形容成都平原的舒适日子，这与都江堰水利工程的综合效益是密不可分的[125]。

4 掩卷而思

都江堰水文化是我国水文化的优秀代表,其"天人合一、道法自然"的精神内核,体现了对规律的尊重和应用,反映了人与自然的和谐与平衡。

今天的都江堰已不是一个地名,甚至不是一个工程,而是人与自然和谐共生的光辉范例、因势利导、因地制宜的生态理念。它之所以传承千年而不衰,不仅因为其工程体系有多么完美,更是因为其持续革新创造的精神力量和造福于民的价值追求[125,132]。

参考文献

[116] 李喜来，史庆和，王树连. 都江堰：中国最古老的军事水利工程[J]. 环球军事，2006(17)：60-61.

[117] 谭徐明. 都江堰史[M]. 中国水利水电出版社，2009.

[118] 王光谦，钟德钰. 创新、和谐、发展——都江堰水利工程的启示[J]. 中国水利，2020, No.885(03)：10-12.

[119] 彭曦. 初论战国、秦汉两次水利建设高潮——兼说都江堰工程史[J]. 农业考古，1986(01)：203-218.

[120] 曹玲玲. 作为水利遗产的都江堰研究[D]. 南京大学，2013.

[121] 郭声波. 都江堰水利工程技术的历史演进[J]. 中国历史地理论丛，1992(04)：95-103.

[122] 旷良波. 都江堰灌溉工程遗产体系、价值及其保护研究[J]. 中国防汛抗旱，2018, 28(09)：72-76.

[123] 李蕾. 都江堰灌区维修工程管理研究(1935—1949)[D]. 四川师范大学，2018.

[124] 宋娟，刘莹，苗想想，等. 都江堰离堆公园历史文化及其园林特色分析[J]. 北方园艺，2008, No.187(04)：158-161.

[125] 胡云. 都江堰——生态水利工程的光辉典范[J]. 中国水利，2020, No.885(03)：5-9.

[126] 王明远. 都江堰水利工程：流淌千年，膏润万顷[J]. 农村.农业.农民(A版)，2016, No.441(08)：58-59.

[127] 陈渭忠. 都江堰与成都二江[J]. 四川水利，2005, (04)：55-57.

[128] 世界遗产都江堰[EB/OL]. http://whc.unesco.org/en/list/1001

[129] 张成岗，张尚弘. 都江堰：水利工程史上的奇迹[J]. 工程研究 - 跨学科视野中的工程，2004, 1(00)：171-177.

[130] 文洁、赵家明主编，都江堰故事 三遗之城[M]，团结出版社，2021年.

[131] 都江堰获颁水利工程遗产奖[J]. 工程质量，2013, 31（10）: 33.

[132] 李可可，黎沛虹. 都江堰——我国传统治水文化的璀璨明珠[J]. 中国水利，2004（18）: 75-78+11.

03

第三篇

从离心力调速到调速蒸汽机

任何一项伟大的发明创造都源自于无数人、无数次的迭代。能被标记于历史时间轴的人和事，只不过是在某个时间和某个地点、将某次迭代变为成功

小时候，父母曾讲过这样的励志故事：瓦特看到炉子上冒热气的水壶而发明了蒸汽机。于是，我们牢牢记住了蒸汽机是瓦特发明的。

但事实呢？

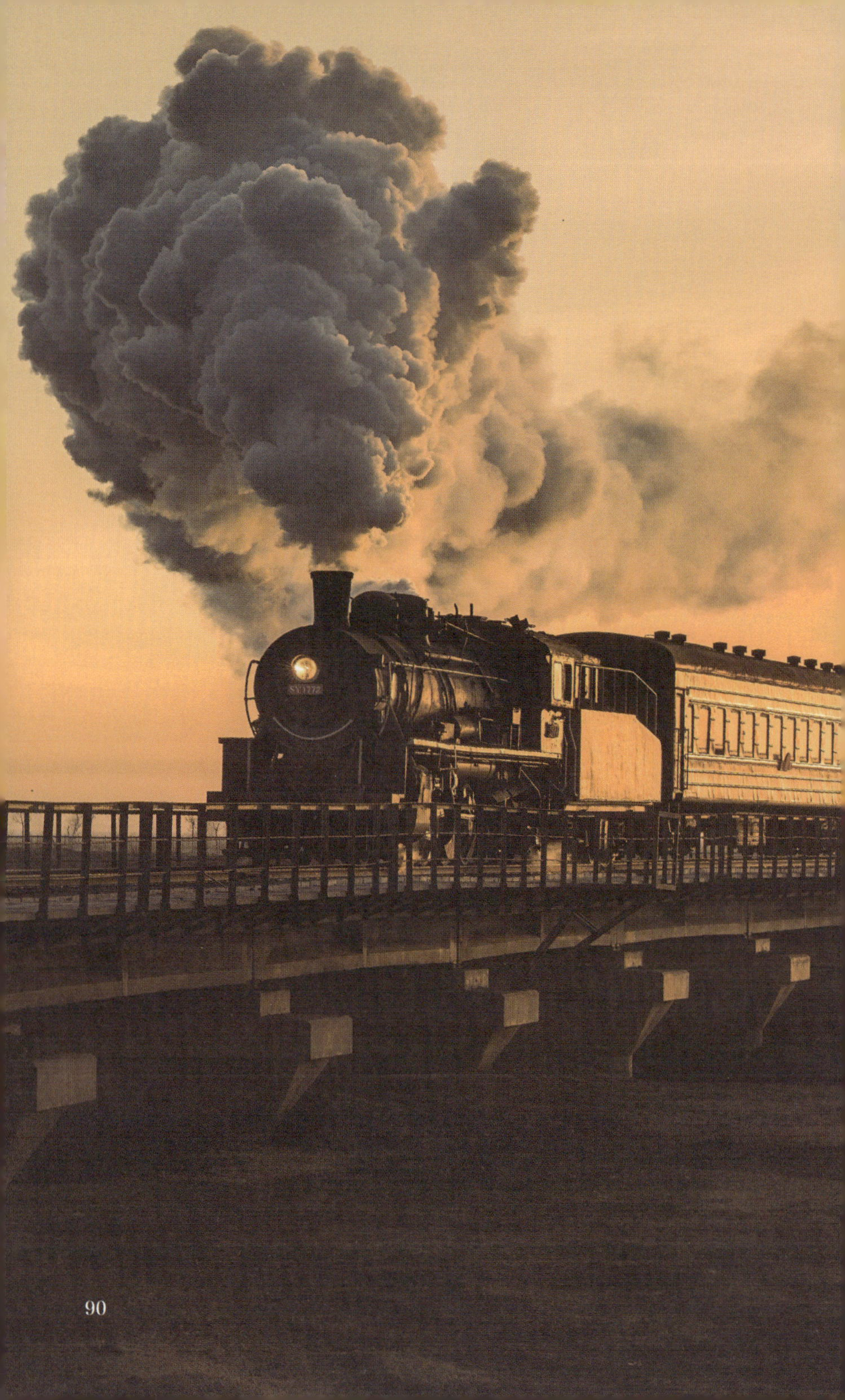

蒸汽机并不是瓦特发明的,但瓦特做了个 1+1=2 的工作,即他把调速理论应用于蒸汽机上,因此非要说瓦特发明了什么的话,那也是发明了调速蒸汽机,只不过普通人没那么专业,"调速"二字或许被无意间省掉了,久而久之,就成了瓦特发明了蒸汽机。下面我们从专业的角度,给儿时那不严谨的小故事补上学术的味道。

首先给出文中先后出场人物的画像,如图 66 所示。文中涉及事件均发生在 17、18 世纪,彼时盛行宫廷风画像。这 8 幅画像看过去仿佛是同一个人。宫廷风人物画像就好比现在拍照后的美图处理,去皱、大眼、红唇、瘦身,再加上差不多的发型和着装,怎么看都是站着的、坐着的、长发的、短发的、深思的、凝视的、黑白的、彩色的……同一个人。

a. 斯蒂安·惠更斯　　b. 罗伯特·胡克　　c. 丹尼斯·帕潘　　d. 托马斯·塞维利

e. 托马斯·纽科门　　f. 詹姆斯·瓦特　　g. 马修·博尔顿　　h. 乔治·史蒂芬森

图 66　本篇主要人物（图片来自 en.wikipedia.org 和 thefamouspeople.com）

书归正传,下文将从调速理论和蒸汽机两条线分别讲起。

1 调速理论

早期的调速理论多是基于离心力调速而形成的。17世纪后半叶,科学家克里斯蒂安·惠更斯(Christiaan Huygens,1629—1695,图 66 a)和罗伯特·胡克(Robert Hooke,1635—1703,图 66 b)均对等时圆锥摆进行了广泛研究[133-136](图 67、图 68)。等时圆锥摆被认为是关于应用离心力控制速度的最早研究,文献 [134] 认为其代表了控制理论的开端。惠更斯和胡克均非等闲之辈,前者有惠更斯摆钟和光学原理加身,后者以胡克定律和显微镜之父的美名纵横江湖。不过,关于等时圆锥摆的第一发明人是谁的问题,惠更斯和胡克曾有过争执,两人都认为自己是第一人,这主要是因为当时信息传播不及时[133,137-138]。

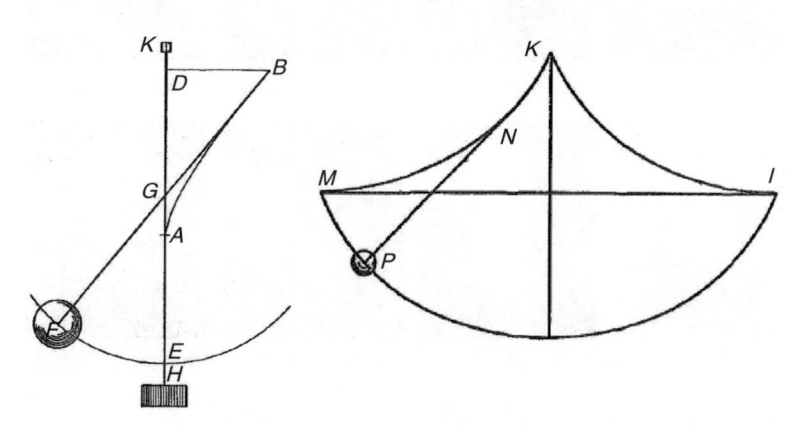

图 67 惠更斯的摆线(左);圆锥摆(右)[133]

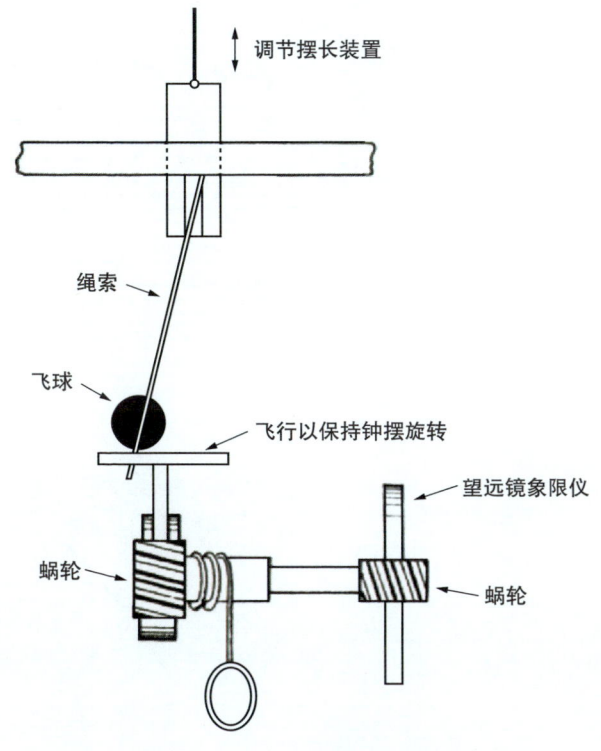

图 68　胡克的离心飞球式常速度望远镜驱动器[134]

　　进入 18 世纪，基于离心力调速理论发明的调速器被广泛应用于风车上，工程师不断地对离心力调速器进行改良，开发了许多新装置。1787 年，英国发明家托马斯·米德（Thomas Mead，生卒年不详）申请了双球离心摆调速器专利，使用双球的离心力依次驱动连杆、套筒、绳子、滑轮、齿轮等机械结构[139]，以实现对磨盘旋转速度的控制。该专利被认为是有关离心力调速器的第一个专利[140,141]（图 69），被大量用于当时的风力发电厂。

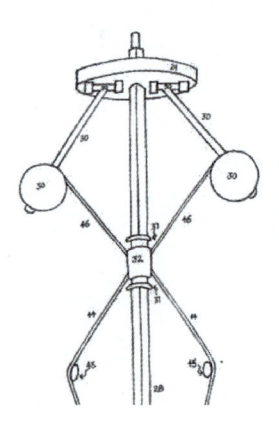

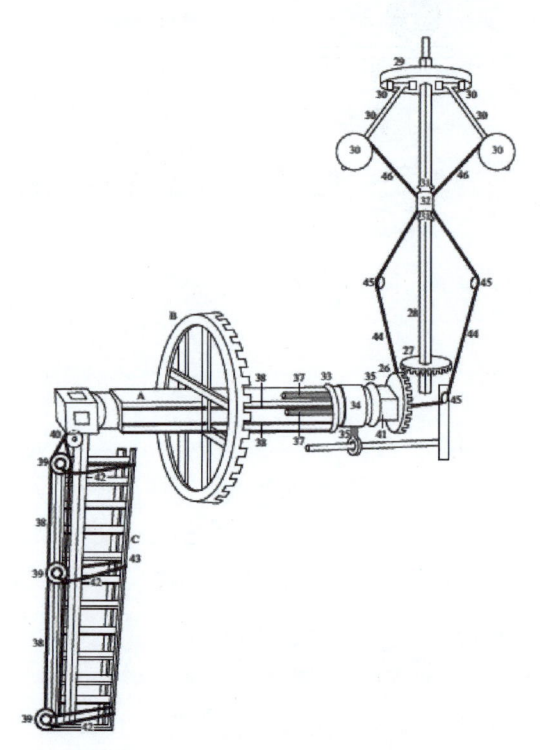

图69 托马斯·米德的双球离心摆调速系统。上图为专利原件中的离心球部分，出自文献 [139]；下图为原理结构，出自文献 [140]

2 蒸汽机

下面再说说蒸汽机。首先从一段关于蒸汽机的江湖恩怨说起。

1679 年,法国物理学家丹尼斯·帕潘(Denis Papin,1647—1713,图 66 c)发明了利用高温蒸汽快速烹调食品的"帕潘煮锅"(图 70),这就是高压锅的前世。1690 年,帕潘基于煮锅上的蒸汽安全阀原理发明了活塞式蒸汽机模型(图 71)。

图 70 帕潘煮锅[142]   图 71 帕潘 1690 年蒸汽机模型[142]

受制于当时的制造水平,帕潘蒸汽机活塞的密封性很差,这导致了帕潘蒸汽机并未被应用于实际的工业生产中。

当时采矿业非常兴盛,矿主迫切需要从矿井里往外抽水的机器,既为了保障工人安全,也为了提高生产率。

工业需求为科技创新指明方向，科技创新为工业发展提供驱动。古今中外，这是铁律。1698 年，在采矿业对抽水机装置的迫切需求下，英国工程师托马斯·塞维利（Thomas Savery，1650—1715，图 66 d）建造成首台可工业应用的蒸汽机（图 72），并获得了有关蒸汽机的史上第一项发明专利。该专利的工作原理其实很简单，简单说就是"蒸汽把常压空气顶出去→蒸汽冷凝形成真空→外部大气压把矿井里的水顶到高处"。塞维利的这项发明被亲切地称为"矿山之友"，甚至他还在 1702 年专门出版了一本书介绍这台蒸汽机，名为 The Miner's Friend，即《矿山之友》。

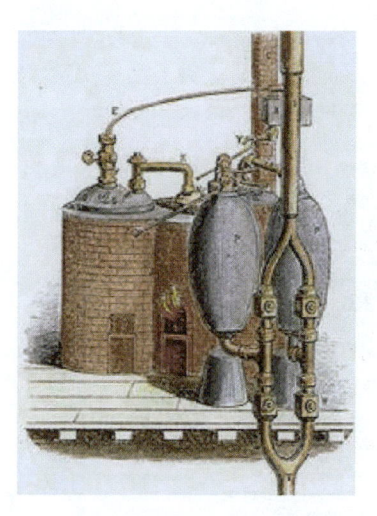

图 72　塞维利蒸汽机——"矿山之友"[143]

彼时也有学术交流和成果鉴定。塞维利曾带着他的"矿山之友"在某次皇家学会上进行展示，与同行进行交流，同时请求时为皇家学会会员的帕潘对其进行鉴定。由于"矿山之友"并没有使用帕潘的活塞，这令帕潘很是不悦。于是帕潘对"矿山之友"提出重大改进意见，尤其建议使用活塞。尽管帕潘比塞维利成名早，但两人年纪相仿，再加上都有拿得出手的作品，于是互不相让，导致那场"鉴定会"不欢而散。

有意思的是，1707 年，帕潘对"矿山之友"进行了再设计。当然了，再设计的核心就是一定要使用帕潘的活塞。如图 73 所示，其中 A 为带安全阀的锅炉，蒸汽进入汽缸 D 推动活塞 E 压缩 F 中的空气，水从水管 G 输送到高处，输送的水从漏斗 K 处注入[145]。

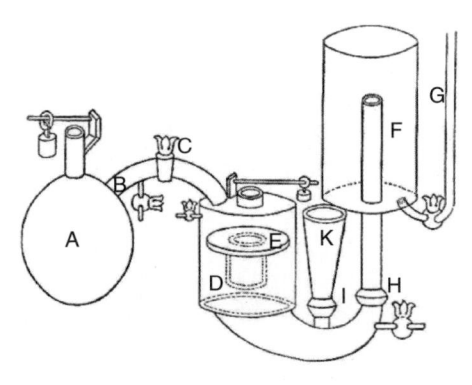

图 73　帕潘 1707 蒸汽机 [144]

由于活塞能控制蒸汽走向，因此帕潘的改良解决了"矿山之友"每次抽水都有大量的热量被浪费从而导致效率低下的缺陷。鉴于此，帕潘要求英国皇家学会对他这一改良给予 15 英镑的奖励。简·爱在 1835 年做家庭教师一年的收入是 30 英镑，由此可看出 15 英镑算是不错的科研成果奖励绩效。

由于帕潘的这一改良并非征得塞维利的同意，因此令塞维利很不悦。当年能令皇家学会为"矿山之友"站台，塞维利也绝非等闲之辈。于是塞维利从中不断阻挠，最终导致帕潘没有拿到 15 英镑。另有一种说法是，帕潘拟将蒸汽机用于驱动轮船，提出建造蒸汽轮船的设想，要求皇家学会立项赞助他

15 英镑，但没有获得成功[146]。

不管是哪种说法，总之，帕潘的改良没有得到官方的认可。这类似于现在的项目申请，研究背景和意义、存在的主要问题、拟采用的技术路线、创新点、前期研究基础等看起来都没有问题，但申请失败。大胆猜测一下失败的原因，大概率出在可行性分析上。塞维利阻挠的依据是当时的加工设备与工艺落后，很难加工出满足要求的活塞，这其实就是对项目可行性的质疑。帕潘更重视用活塞提高蒸汽机的工作效率，这也是他攻击塞维利的撒手锏，只不过帕潘对活塞的加工困难这一问题选择了回避。

在丹尼斯·帕潘和托马斯·塞维利的这场较量中，两人都舍其弊而取其利，都只看到自己的优势，抨击对方的短板。如果将他们两者的优势进行整合，那将会有伟大的作品诞生。于是，另一个托马斯出场了。

距离托马斯·塞维利家 15 英里的地方住着一个叫托马斯·纽科门（Thomas Newcomen，1663—1729，图 66 e）的工程师，因为对蒸汽机共同的爱好，两个托马斯成了合作伙伴。在他俩成为合作伙伴之前，纽科门还有一个挚友——约翰·卡利（John Calley，1663—1725），二人致力于研究蒸汽机。尤其值得一提的是，他俩研制的蒸汽机采用了帕潘活塞，同时为了弥补由于活塞加工工艺而造成的泄漏问题，他们在活塞的周围用皮革做了密封，取得了不错的应用效果。也许正是看到了这点，高傲的托马斯·塞维利允许托马斯·纽科门复制他的蒸汽机，于是纽科门和卡利对塞维利蒸汽机进行了再设计，并于 1708 年获得了集汽缸、活塞、表面冷凝、独立锅炉和带有独立泵发动机为一体的蒸汽机专利。由于塞维利拥有表面冷凝的专有权，因此 1708 年的专利里也有塞维利的署名[147]。

时间来到了"帕潘和塞维利较量"后的第 5 年，纽科门终于在 1712 年组装建成了世界上第一台工业用蒸汽抽水机，被称为现代蒸汽机的原型，他本人也被认为是工业革命的开创者，也因此被称为发明家[148,149]。不过这个发明家的称号是在他去世后很久才被追认的[147]。

在研究这段历史的过程中，笔者发现，大部分当时的文献都称呼托马斯·纽科门为"铁匠（blacksmith）"，哪怕是他已经发明了蒸汽机之后，铁匠也是他的称谓。这是因为在当时的社会背景下，纽科门提出的一些创意和思想很难被那些受过教育的上层社会精英所接受，他们认为铁匠根本没有任何渠道获得知识，也没有资格学会并运用知识。因此，就算是有了蒸汽机这一成果，那也是铁匠的想法，不是发明。眼界和心胸狭隘的精英们通过称谓来压制纽科门，进而否认他的发明创造。

图 74 所示为纽科门 1712 年第一台蒸汽机的"亲弟弟"——第二台蒸汽机（1714 年）。气缸由一根链条连接到大横梁的一端，用于活塞回程的重力泵通过另一根链条连接到横梁的另一端。由于冷却水直接喷射到气缸中，然后气缸中温热的冷凝水

图 74　第二台纽科门蒸汽机（Desaguliers 绘制于 1744 年）[151]

又直接进入热井里，由此导致的重复冷却与再加热是纽科门蒸汽机工作效率低下的主要原因。尽管如此，这在当时进行矿井抽水工作中也发挥了巨大的作用[150-153]。除了效率低下，纽科门蒸汽机并没有控制蒸汽量的装置，因此经常因速度失控而导致机器损伤甚至发生事故。

3 调速蒸汽机

讲到这里，调速原理和蒸汽机两条线似乎应该相交了：一方面离心力调速器在风车上的应用非常广泛，另一方面蒸汽机的蒸汽量难以控制，且两条线都在欧洲，或者说都在英国，因此它们相交的时刻到了。

于是，在1788年，英国企业家、发明家詹姆斯·瓦特（James Watt，1736—1819，图66 f）将离心力调速器，又称为离心式飞球调速器用于托马斯·纽科门的蒸汽机，相当于给蒸汽机添加了节流阀，通过自动调节蒸汽量使得蒸汽机在不同的工作负荷下，保持一定的转速，这就是反馈思想的工程应用——调速蒸汽机。另一说法是詹姆斯·瓦特和他的商业合作伙伴马修·博尔顿（Matthew Boulton，1728—1809，图66 g）共同推进了调速蒸汽机的诞生[154-156]，尤其后者在商业策划上做了大量的工作，因此调速蒸汽机又被称为博尔顿和瓦特蒸汽机（Boulton & Watt 蒸汽机，图75 左、中），甚至博尔顿将调速蒸汽机用到了铸币厂，获得了可观的经济效益[154]。

詹姆斯·瓦特将惠更斯和胡克的调速理论或者米德的调速器用到了纽科门的蒸汽机上，使得蒸汽量可控，进而减少了事故，极大地推广了蒸汽机的使用。因此后人提及或者记得的是"瓦特的调速蒸汽机"，既不是"惠更斯或胡克的调速理论""米德的调速器"，也不是"纽科门的蒸汽机"。这说明将发明或想法付诸实践的人往往是最成功的那个人。

最初的调速蒸汽机有几个缺点：首先，它只提供比例控制，因此只在一种运行条件下精确控制速度，因此人们认为它是"调节器（Moderator）"，而不是"控制器（Controller）"；其次，它只能在很小的速度范围内运行；最后，维护成本较高[155]。但瑕不掩瑜，自调速蒸汽机诞生后便被迅速应用在各种机器上，比如作为3 000多年船舶行驶的唯一动力——风力，在短短50年里迅速被蒸汽取代[157]；又比如，英国工程师乔治·史蒂芬森（George Stephenson，1781—1848，图66 h）将调速蒸汽机应用于铁路机车（1814年，图76），减少了机车事故，极大地改善了运行状况[158]。可以说，调速蒸汽机开辟了人类利用能源的新时代，实现了机器大生产的目标。调速蒸汽机作为动力被广泛使用更是成为第一次工业革命的标志，它的重要部分——离心式飞球调速器被认为是控制发展史上的里程碑。图75右为伦敦霍尔本高架桥（Holborn Viaduct）上名为"科学（Science）"的雕像，其手持之物即离心式飞球调速器[159,160]，由此可见其重要地位。

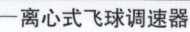

图75 詹姆斯·瓦特和马修·博尔顿共同建造的第一台带有离心式飞球调速器的蒸汽机[157]（左）；博尔顿和瓦特的1788蒸汽机的离心球调速器[156]（中）；伦敦名为科学的雕塑，其手持之物即离心式飞球调速器[159]（右）

图 76　乔治·史蒂芬森首次将调速蒸汽机应用于铁路机车[158]

4 掩卷而思

从 1673 年惠更斯和胡克对离心力的思考，到 1788 年瓦特和博尔顿造出的调速蒸汽机（图 77），看似百余年，实际远不止。任何一项伟大的发明创造都源自无数人、无数次的迭代。能被标记于历史时间轴的人和事只不过是在某个时间和某个地点、将某次迭代升级为成功。

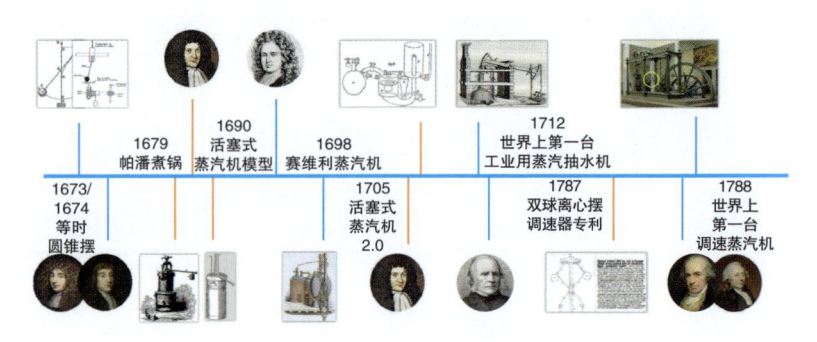

图 77　从离心力调速到调速蒸汽机

参考文献

[133] Fuller A T. *The early development of control theory*. Journal of Dynamic System Measurement and Control, 1976, 98: 109–118.

[134] Bennett S. *A history of control engineering 1800–1930*, Stevenage: Peter Peregrinus, 1979.

[135] Christiaan Huygens, *Horologium oscillatorium*, Parisiis: Apud F. Muguet, 1673.

[136] Thomas Birch. *The History of the Royal Society of London*, Vol. 2, Miller, London, 1756, pp. 90–153.

[137] Robert Hooke. *Animadversions on the first part of the Machina coelestis*, Royal Society, London, 1674; reprinted in [17, 18].

[138] Thomas Sprat. *History of the Royal Society of London for the Improving of Natural Knowledge*, Royal Society, London, 1667; reprint, Washington University, St. Louis, 1959.

[139] https://catalogue.millsarchive.org/thomas-meads-patent-for-governor

[140] Mayr Otto. *The Origin of Feedback Control*. Cambridge, MA: MIT Press, 1970.

[141] Christopher Bissell. *A history of automatic control*. Springer handbook of automation, Springer handbook series（LXXVI）. Heidelberg, Germany: Springer Verlag, pp. 53–69.

[142] https://en.wikipedia.org/wiki/Denis_Papin

[143] https://en.wikipedia.org/wiki/Thomas_Savery

[144] http://chestofbooks.com/crafts/scientific-american/XXXVI-8/Papin-s-Steam-Engine.html

[145] 张伟伟. 图说蒸汽机发展演变的三个阶段. 系统与控制纵横, 2017（01）: 45–58.

[146] https://www.kedo.net.cn/c/960/960267.shtml

[147] https://www.thoughtco.com/thomas-newcomen-profile-1992201

[148] https://en.wikipedia.org/wiki/Thomas_Newcomen

[149] https://www.asme.org/about-asme/engineering-history/landmarks/70-newcomen-engine

[150] David K Hulse. The early development of the steam engine; TEE Publishing, U.K, 1999.

[151] https://en.wikipedia.org/wiki/User:John_of_Paris/sandbox_2

[152] Riemsdijk, John van, *Compound Locomotives*, Atlantic Publishers Penrhyn, England, 1994.

[153] Heron Alexandrinus（Hero of Alexandria）, *Spiritalia seu Pneumatica*. Reprinted 1998 by K G Saur GmbH, Munich.

[154] https://en.wikipedia.org/wiki/Matthew_Boulton

[155] Stuart Bennett. A brief history of automatic control. IEEE Control Systems, 1996, 16（3）: 17-25.

[156] https://commons.wikimedia.org/w/index.php?curid=9964214

[157] Florian Ion Tiberiu Petrescu. *Contributions to the Stirling Engine Study*[J], American Journal of Engineering and Applied Sciences, 2018, 11（4）: 1258-1292.

[158] Florian Ion Petrescu and Relly Victoria Petrescu, 2012a. *The Aviation History*[M]. Publisher: Books On Demand, ISBN-13: 978-3848230778.

[159] https://upload.wikimedia.org/wikipedia/commons/f/f0/Statue_Of_Fine_Art_%26_Science_Holborn_Viaduct.jpg

[160] 黄一. 走马观花看控制发展简史. 系统与控制纵横, 2021（01）: 19-43.